度小系列

度小月系列

度小
系列

關於度小月．．．．．．．．．．．．．．．

　　在台灣古早時期，中南部下港地區的漁民，每逢黑潮退去，漁獲量不佳收入艱困時，為維持生計，便暫時在自家的屋簷下，賣起擔仔麵及其他簡單的小吃，設法自立救濟度過淡季。

　　此後，這種謀生的方式，便廣為流傳稱之為『度小月』。

編輯室手札

　　你對小吃的定義是什麼？是成長中的美味記憶、是母親的拿手菜，還是廟埕、市場邊的吆喝聲。無論如何，我們對在地美味的依戀，已經從單純的口腹之欲提升到文化，甚至是精神的層次。

　　提到台灣小吃，不僅國人喜愛，連國外友人造訪也都不能錯過這道道的在地美食，尤其對異鄉遊子而言，大啖一碗蚵仔麵線或一杯珍珠奶茶，一解鄉愁絕對必要。到了今天，這些讓台灣人拍胸脯保證的美味料理，更是躍上了國宴菜單，成為餐桌上的嬌客，連五星級飯店的師傅們也搶著為它們施上色、香、味俱全的魔法。

　　本書為「度小月」系列《路邊攤賺大錢》第12集的『大排長龍篇』，收錄了11個成功商家，它們均是老闆從年輕起，赤手空拳、從無到有，一路慢慢摸索、開發，才有今日的有聲有色。當然，有人認為他們「賺錢很容易」、「大排長龍只是幸運」，然而在歡喜收割的背後，他們默默付出的經營心血，何嘗不是你我口中所嚥下的那份「堅持」。

　　或許沒有特別的店名，更沒有舒適的環境，但在兢兢業業的態度下，他們所發揚的小吃精神，已如文化般深植人心。在品嘗一道道美味料理的同時，若你看見了他們的成功，也別忘了細讀他們為了討生活，不為人知，一步一腳印的生存紀錄。

路邊攤賺大錢 money 12

【大排長龍篇】

精選電視台、網路、報章雜誌之口碑推薦
匯集奮鬥史、成本、步驟作法之創業秘辛

萬麗慧◎著

非看不可
非學不可
非賺不可

讓你脫離貧窮
徹底翻身的
創業勝經

鹽酥海味・大腸包小腸・胡椒餅・麻辣臭豆腐・米粉湯・魷魚羹・麻油雞・蚵仔麵線・油飯・珍珠奶茶・豆花

目錄
【大排長龍篇】Contents

關於度小月 *4*

編輯室手札 *6*

作者序 *10*

12 鄉村煙薰滷味

煙燻滷味風味佳,乾媽家傳最正統,
巷內美食熟客知,一傳十來百傳千。

30 雪中紅大腸包小腸

傳統美食新吃法,米腸香腸滋味佳,
餐車口味全自創,動腦勤勞生意發。

48 南港老張胡椒餅

看對時間才有賣,人潮排隊紛紛來,
多年功夫真不賴,皮酥味美滿嘴讚。

66 沈記麻辣臭豆腐

有無店名沒問題,口味獨特包滿意,
豆腐油飯加意麵,滋味懷念一整年。

84 通化街米粉湯

米粉味香傳千里,循香下馬嚐不膩,
海陸葷素全都有,價位公道饕客齊。

102 西門町魷魚平

40年老魷魚羹，21種美味秘密，
搭配純正蒸米粉，美味享受only魷。

120 饒河街東發號

饒河街裡有三寶，肉羹麵線油飯妙，
唇邊遊客道相報，三代齊力家業保。

138 曾家麻油雞

家傳口味香第一，招牌麵線麻油雞，
味美公道大家愛，多吃不胖健康齊。

156 陳記專業麵線

地點不佳沒關係，口味絕佳有關係，
大腸蚵仔搭麵線，專業堅持包滿意。

174 景美豆花

始終如一，極致造就，
搭配濃薑母湯，美味盡在其中。

192 南勢角珍珠奶茶

珍珠奶茶風味棒，茶鮮奶濃名聲響，
粉圓香Q有嚼勁，杯杯現調滋味佳。

附錄1‧丙級技術士考照資訊　　*210*

附錄2‧全省果菜批發市場資訊　　*212*

作者序

　　到過世界許多國家，每個國家都有自己引以為傲的美食，在台灣，我們也以「台灣小吃」聞名世界，不少觀光客來到台灣一定不可錯過的觀光景點，就是全台各地著名的夜市和各色小吃。台灣小吃的特色不僅僅是美味，更是在其平易近人的價錢，因為台灣小吃可以說是由平民的日常生活中，發展出來的文化和飲食習慣。近年受到經濟不景氣的影響，很多人更是選擇做起小生意，自己當起老闆來，所以說台灣小吃也是在地人民的重要經濟活動之一。

　　本書為讀者介紹了11家美味的小吃攤，和一般介紹美食的雜誌或圖書不同的地方在於，本書對於每家店的經營理念、成本控制、食材細目、食物烹煮都有詳盡的著墨，這些全面的資訊，讓讀者不但可以循著店家資料前去品嚐美食，還能了解美食背後的艱辛，同時，也讓想創業的年輕人，瞧瞧前輩們的經驗，避免不必要的損失和錯誤。

　　先以食物的部分來說，做為土生土長，又曾跑過美食報導經驗的我而言，對於台灣小吃當然不陌生，但藉由撰述這本書的過程中，更讓我又發現了許多不為人知的美味小吃，這應該是寫書之餘的最大收穫。而且這回不僅是嚐到美食，還把每項美食的製作過程、使用食材、價錢成本、烹煮方法，都問了個一清二楚，有時候甚至問到連老闆自己都很難招架，深怕自己家傳的絕活「被人學去了」，有的老闆乾脆就直接表示：「我是在做生意，不是在當老師，怎麼能告訴你這麼多？」這確實是採訪時遇到最大的挑戰，但在一一克服困難後，所呈現出來的內容，相信絕對可

以讓追求美味的饕客，在品嚐美食之餘，能有更深一層的認識與感受。

　　除了介紹食物，透過採訪時和每位老闆的互動，讓我深深感到「成功沒有捷徑」、「賺錢沒有撇步」。幾乎沒有例外的，今日每一家生意火紅的小吃攤，最初都是因為老闆生活困苦，而願意花最小的成本，做起小生意，沒有一位老闆一開始就想到要賺大錢，求的只是安穩過日子，因此很多小吃攤根本連正式的店名都沒有，這和現代人做生意，生意還沒做好就先把宣傳弄得轟轟烈烈，實在大不相同。但是就因為努力做、用心做：不改變、不放棄，然後十幾年過去，一傳十、十傳百，生意便自然而然好了起來。但是即便生意好了，錢賺多了，對於食材的品質仍永遠以高標準要求；對於自己的味道仍始終堅持；對於工作的紀律仍完全不懈怠。因此，在問到給新手的建議時，努力、執著、用心，幾乎是唯一的答案，而原先預設的生意技巧竟一次也沒有在訪談中出現。

　　寫完全書，當再次審閱文稿的同時，我更能體會所謂美食和賺錢背後真正的意義。我想任何一個人，只要能擁有這些小吃攤老闆的特質與堅持，那他在任何行業都會成功。這是台灣真正的庶民文化，也正是台灣活力的泉源。

鄉村煙燻滷味

煙燻滷味風味佳，乾媽家傳最正統，
巷內美食熟客知，一傳十來百傳千。

美味評價：★★★★★
特色評價：★★★★★
人氣評價：★★★★
地點評價：★★
服務評價：★★★★★★
便宜評價：★★★
名氣評價：★★★★
衛生評價：★★★★★

INFORMATION

- 老闆：楊正賢
- 店齡：8-9年
- 地址：臺北市松山路119巷1弄3之1號（五分埔市場）
- 電話：02-27565188-9
- 營業時間：11:00-22:00
- 公休日：每月第二、四個星期日，或遇事公休。
- 創業資本：20-30萬
- 每日營業額：2-3萬

松山車站

松隆路

永吉路

松山路

443巷

永吉路

現場描述

　　星期六的早上11點，店才剛開門，便陸陸續續有來此用餐的客人，不多久，接近中午時分，店裡已經是人滿為患。傳統道地的米粉、麵食，加上這裡特有的煙燻滷味，是這家小店得以與其他麵攤或是滷味攤位區隔的原因。除了店裡的

●外賣、內用的生意都很好,每天光是鴨翅就能賣出300多隻。

客人,更多的是打包外帶的老主顧。平常來五分埔做服裝批貨生意的客人,也經常打電話進來請店家先準備,車子停在巷口,請店家送出去,當然,也有從中南部訂貨,請店家快遞滷味的客戶。而附近的婆婆媽媽們更是這裡的常客,因為這裡的煙燻滷味不僅新鮮,又好吃美味,自己做總是沒有這款滋味。

由於地點並不緊鄰馬路,刻意要找可能都得花上點時間,因此在經營上,除了以口味實在取勝,再靠客人口耳相傳之外,並沒有獨到的宣傳方法,如今的小店面一開已近10年,也說明了這裡的食物確實有好口碑,受消費者的肯定。

店主訪談

●●● 心路歷程 ●●●

在從事煙燻滷味的工作
前,老闆夫婦都有做生意的
經驗。老闆娘曾經開過平價
的咖啡簡餐店,老闆則是和
親戚一起經營服飾店。會開
始經營煙燻滷味的生意,是
因為結婚後,老闆住在恆春
經營煙燻滷味生意的乾媽,
希望他們夫婦倆能學起她的
獨門煙燻滷味技術,夫妻倆

●特殊的煙燻味道,口感入味、
不油膩,冷藏後風味不減,搭
配特製辣椒醬口感更佳。

一同做個屬於自己的小生意,讓生活穩定。

於是,老闆專程南下學習煙燻滷味的技術,但由於店面
並不在大馬路旁,剛開幕的時候生意不是很穩定,大概經過
了2-3年,靠著老客人相互介紹,生意開始愈來愈好。目前
煙燻滷味的味道十分受到客人歡迎,許多附近的家庭主婦經
常過來購買,到五分埔批貨的老闆們也是常客。雖然生意已

money

不錯，但老闆還是三不五時要進修，並隨時注意台北人口味上的差異。老闆說，他發現台北人希望食物有比較多元的搭配選擇，因此店裡除了五花八門的煙燻滷味外，還賣起冬粉、米粉、麵等主食，以便讓客人有更多的餐點選擇。

如今店裡的生意雖然不錯、客人絡繹不絕，但做這一行，每天早上5、6點便要開始準備食材，晚上也經常要弄到10點多，工時很長，工作不輕鬆，環境也相對地稍油膩，即便老闆和老闆娘都有過做生意的經驗，但由於行業的類別不同，剛開始還是需要花很多時間適應。老闆娘就表示，小吃攤而言，生意流動率通常比較快，因此手腳就要勤，否則客人會等不耐煩而離開，這些差別都是做小吃生意後才了解的。

●●● 經營狀況 ●●●

》命名由來：

乾媽在恆春的店名就叫做「鄉村滷味」，可能因為是鄉村地方小吃的緣故，所以自然有這個名字。老闆學到這項技術後回到台北營業，並沒有特別想要為店面取個響亮的名

稱,只想著既然技術是承襲乾媽,乾脆沿用乾媽店面的名稱,於是在五分埔市場內就有了這家「鄉村滷味」出現。

》 地點選擇:

目前店面的地點位於巷弄內,老實說並不是人潮最多的位置,因此也不算是最理想的地點。當初選擇在這裡開店的原因,主要是店面是親戚的房子,且地點距離小孩的學校很近,加上生活機能非常方便,可同時讓老闆娘照顧生意和小孩。老闆娘表示,其實自己只有一半的時間是在店內,早上要先把孩子送到學校之後才有時間在店裡幫忙,下午小孩下課後,便要照顧小孩,所以晚上不會在店裡,通常店裡可以說只有3個半的人手輪流工作。

●店頭是賣滷味的小販,店內可以坐下來吃麵、吹冷氣,陳設簡單乾淨。

》 店面租金:

目前店面因為是親戚的房子,所以租金相對

便宜，這也讓成本降低了些，減輕不少創業期間的壓力。但若依照附近的租金成本來看，空間大小差不多的店面，租金可能也要8到10萬不等，若是自己創業，房租確實是不容忽視的成本。

》硬體設備：

做滷味最重要的硬體設備，大概就是滷味檯、冰箱、瓦斯檯這些器具，煮麵則需要一個煮麵檯，其他東西並沒有什麼特殊的設備。滷味會好吃完全是在「工」的部份，和設備關聯不大。店裡面則有冷氣、桌椅等，沒有什麼特別設配，這些設備的價格差異一般都不大，很容易就能買到。

》食材特色：

這裡的豆乾都是從高雄買來的，和台北豆乾不同的地方在於「高雄的豆乾比較大塊」，且與台北豆乾相較，「台北

豆乾口感比較硬」，店裡訂製的
豆乾則較蓬鬆。撕開豆乾
看，會發現豆乾裡頭
有很多洞洞，就是
因為有這些洞洞
在，所以當豆乾
經滷汁滷過後，
這些洞洞會吸收全
部的滷汁，使得豆乾
的口感鬆軟又多汁。

　　食材當然要選最好的，所以處理的過程也不能馬虎。這
裡鴨翅，鴨毛被拔得十分仔細、乾淨，豬腳也一定先用熱水
燙過去味，其他食材也都是清洗乾淨後才下鍋處理。這些細
微末節的堅持，老闆相信主顧們一定感受得到。

》成本控制：

　　目前購買食材都有固定的配合廠商，主要是大家合作久
了，對方會知道自己的品質要求，價錢也會因為大量採購而
比市價便宜不少。通常食材的成本占了總營業額的6成左
右。但為了讓客戶吃到最好的食物，老闆堅持在食材的選擇
上一定要十分用心，絕對不能投機取巧。

money

》口味特色：

　　鴨翅、豆乾、鴨腳是最有人氣的滷味，其他的品項當然也表現不差。煙燻滷味是先將雞、鴨、豬等食材先滷過，再經過煙燻使其入味，原本應該是冷的吃，但冰過後食用風味更佳。只是有些客人不喜歡吃冷食，這時店裡會以煮麵水將煙燻滷味加熱，但是加熱後煙燻的味道就會消失，因此老闆比較不建議這樣的吃法。

　　目前台北販賣煙燻滷味的攤販也不少，和別家不同的地方是，這裡的滷味是加了糖下去滷的，所以味道不會太鹹，當然，含有八角、胡椒、肉桂等11樣香料的獨家滷包，更是讓這裡的煙燻滷味風味能獨樹一格的秘密所在。

　　此外，老闆大力推薦自己店裡特製的辣椒辣醬，這裡的

辣椒醬是以新鮮辣椒調製而成,完全不加防腐劑,內有大塊大塊的薑塊,口感十分不錯,建議愛吃辣的朋友搭配食用。主食方面,店裡則提供了,麵、米粉、冬粉的各種選擇,客人可以隨意搭配。

　　除了食物選擇的多樣性和製作方式的獨特性,東西好吃最重要的秘密仍在新鮮,這裡的煙燻滷味絕對是每天一早現做的,保證可以讓客人吃出美味,吃出健康。

》客層調查:

　　由於賣的是滷味,客人的層面很廣,大人、小孩都有,更多的是家庭主婦買回去給家人享。,五分埔批貨的老闆、附近的上班族都是常客,甚至有遠從中壢、桃園或台中過來的客人。特別的是,也有很多明星經常過來購買,像是三立電視台結伴而來的演員們,以及屈中恆、苗可麗等。

老闆表示，由於店面所在地並不是大馬路邊，要發現並不容易，因此熟客才會是店裡的主要客源，要讓客人不斷回籠，口味還是最重要的因素。目前為了方便客戶，店裡也接受電話訂購的服務，還可以幫客人快遞到府。

》未來計畫：

由於是承傳乾媽的手藝，生意在發展上還是以乾媽的計劃為主，目前暫時不會有太多主動的規劃。此外，擔心開放加盟後，要親自監督每位加盟業者並不容易，常久下來，怕食物的品質會受到影響，因此目前並沒有開放加盟的打算。另一方面，主要也是考慮到家裡小孩子的年紀還小，需要照顧，所以短期內在店

面位置和發展上都不會有太大改變，認為堅持而用心地做好眼前的生意就很好了。

●●● 開業數據大公開 ●●●

項目	數字	備註
創業年數	8-9年	
坪數	8-9坪	
租金	無	附近月租行情8-10萬元
人手	3.5人	夫，妻半天，另加2人
平均每日來客數	200人	
平均每日營業額	2萬以上	
平均每月營業額	60萬	
平均每月進貨成本	總營業額的6成	
平均每月淨利	約15萬	

●鴨肉麵／40元
台北市街頭巷尾的麵攤可說多到不行，但這裡因為有了煙燻滷味的搭配，就有了不一樣的特色，這也是客人經常光顧的原因。

鄉村煙燻滷味

- 鴨翅膀／20元；鴨爪／5元；鴨頭／30元；鴨腱／20元；鴨肝／10元；雞爪／5元。
- 海帶／5元；豆乾／5元；滷蛋／5元；米血／10元；貢丸／2個15元。
- 豬舌／30元；豬腳／20元；肉皮／10元；脆腸／2條15元。
- 腱肉／20元；小肚／25元；大腸頭／5元；大腸／30元；豬耳朵／15元；豬頭皮／15元。（以兩計）

比起一般的滷味，這裡的滷味因爲有了煙燻的味道，讓肉的口味更富層次，也不會有過多油膩的滷汁。

●●● 邁向成功第一步 ●●●

》給新手的建議：

　　老闆提醒要進入這個行業的人，一定要準備足夠的預備資金。由於任何生意在剛開始時，因為不是很多有人知曉，

生意不可能一下子就很好，或在幾個月內就把錢賺回來。這家店也是經過兩三年的草創期，漸漸地客人愈來愈多，老主顧口耳相傳帶來一些客人，生意才逐漸上了軌道。如果沒有足夠的資金，可能還撐不到回收期，就被迫關門，這是他們當初懵懵懂懂踏入這行時，沒有考慮太多的部份，因此覺得是最辛苦的地方。

　　此外，由於店裡有賣熱食，端盤子的功夫一定要先訓練好。做熱食手要能不怕燙、平衡感要好，老闆娘記得自己第一次端盤時，就把食物給灑了一地。當然工時長、工作環境油膩，可能都是沒做過這行生意的門外漢，入門前要有的心理準備。

度小月系列 ● 大排長龍篇

money

鄉村煙燻滷味

作法大公開

●●● 材料 ●●●

項目	所需份量	價格	備註
鴨翅	少許	2副26元	
滷包	一個	祖傳秘方	
二砂	少許	800-900元／30公斤	

●●● 步驟 ●●●

》前製處理：

先清洗一下鴨翅，讓食物更衛生。

》製作步驟：

1、將洗淨的鴨翅放入
　　滷汁中。

2、將內含八角、胡椒、
　　肉桂等11樣獨家香料
　　的滷包放入。

3、將滷好的鴨翅瀝乾、
　　撈出。（視食材情
　　況，斟酌滷的時
　　間。）

度小月系列 ● 大排長龍篇

money

4、在煙燻鍋中加入
　　適量紅砂糖。

5、蓋上鍋蓋煙燻。

6、放涼,再將鴨翅冰
　　鎮即可。

》獨家撇步：

　　東西好吃,食材本
身的選擇就很重要。若
要滷豆乾,建議選擇比較蓬鬆的高雄豆乾,滷過後會將滷汁
全部吸收,不會像台北豆乾吃起來硬硬的。

在家DIY小技巧

　　煙燻滷味原本就是吃冷的，回家後如果沒有立刻吃完，冰在冰箱冷藏後口感更Q。建議要在3-4天內食用完畢，反倒不鼓勵客人加熱後食用，如此煙燻的味道就會跑掉。

美味見證

姓名：陳瑛瑛
年齡：44歲
職業別：公務員
推薦原因：現在賣煙燻滷味的店家雖然蠻多的，但大部分味道都太鹹，這裡的口味則比較甜。個人特別喜歡煙燻鴨米血，因為十分入味，還有辣椒醬也很特別。

度小月系列 ● 大排長龍篇

雪中紅大腸包小腸

傳統美食新吃法，米腸香腸滋味佳，
餐車口味全自創，動腦勤勞生意發。

美味評價：★★★★
特色評價：★★★★
人氣評價：★★★★
地點評價：★★★★★
服務評價：★★★★★
便宜評價：★★★★★
名氣評價：★★★★
衛生評價：★★★★★

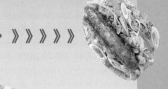

雪中紅大腸包小腸

INFORMATION

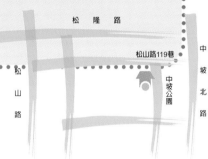

- 老闆：陳清安
- 店齡：9年
- 地址：台北市松山路119巷（中坡公園）
- 電話：0935168772
- 營業時間：14:30-24:00
- 公休日：每個月第二或第四個星期日，有事才休；除夕。
- 創業資本：1.5萬
- 每日營業額：1萬以上

松　隆　路

松山路119巷

中坡北路

松山路

中坡公園

度小月系列 ● 大排長龍篇

現場描述

　　位居松山中坡公園的外圍，小小一個餐車上，有著主食米腸、香腸，和蘿蔔乾、香菜、酸菜等十幾項配菜。看是平凡無奇的小店，卻是挺不平凡。不平凡在於，目前已經十分流行的大腸包小腸，創意可是來自這一家，餐車的設計也不

money

雪中紅大腸包小腸

路邊攤賺大錢

12

money

假他人之手，全是老闆因應工作習慣和需求，自己設計出來的，當然，每樣配菜也是如此，都是經過老闆親自一而再、再而三的嘗試，才創造出的新口味。如今，雖然不少攤販有販售類似的產品，但是懂門道的老客人就是會特別光顧。做生意不怕別人競爭，獨家口味是制勝的唯一關鍵。

店主訪談

●●● 心路歷程 ●●●

　　未創業前，老闆的工作是開公車，但早在未退休前，便已想到退休後的生活，因此在開公車時，就已經在兼職賣烤

香腸。烤香腸的生意原本就不錯，後來因為受到口蹄疫的影響，才想到加賣米腸，最後便發明了大腸包香腸的創新吃法，讓傳統美食呈現與以往完全不同的新吃法。

●糯米大腸、豬肉香腸，配上特製的豐富配菜，美味和價錢都絕對可以打敗西方速食。

老闆表示，創業之初很多事情都是靠自己摸索，不假他人之手，舉凡餐車、配菜、食物口味都是自己發明，做生意實在不容易。做了近10年的生意，目前還是選擇以攤販的方式營業，這樣的方式有好有壞，好的部分是攤販在街上，客人都看得到，集客力比較高，但是就免不了吃罰單，每個月

度小月系列 ●大排長龍篇

money

光是罰單的金額就吃掉店裡不少利潤。下雨的時候，也只能撐起大雨傘做生意，工作環境不佳不說，這樣的露天攤販下雨時幾乎是沒有客人會來，但是做生意可不能三天打魚兩天曬網，這樣客戶一定會流失。因此不論晴雨，老闆都會定時將攤販推出營業，這和上班族要打卡其實沒什麼兩樣，做小生意的可沒想像中的自由自在。

●●● 經營狀況 ●●●

》命名由來：

「雪中紅」，光聽這個名字就不禁令人十分好奇，想一探命名的究竟，知道答案後，卻發現實在貼切不過。糯米大腸是白色的，香腸是紅色的，這不是雪中紅，還能是什麼呢！「雪中紅」的名號不僅響亮，又同時點出了店家販售的食物，要人十分難忘，不愧老闆想得出來，想來如果老闆不做小生意，大概可以去做廣告文案工作了。

》地點選擇：

創業以來一直是在這裡營業，但是那時附近可沒有現在

的榮景，人潮不多，做生意只能憑真功夫，真材實料是吸引客戶不斷回籠的唯一方法。做流動攤販的生意其實十分辛苦，每天都要出攤、收攤，因此自己也曾經有段時間租店面來經營生意，但卻發現租了店面，客人反而少了，大概是因為在店裡面，客人比較看不到，過路客人相對比較少，因此還是決定繼續以小攤販的方式營業。

》店面租金：

　　由於沒有店面，流動攤販勢必會被開罰單，但因為客人就是比店面多，因此現在選擇的營業方式是「反正警察來了也不跑了，就讓警察開罰單」，通常一天收到1至3張罰單都是有可能的，而且一張罰單就是1千2百元，平均一個月下來，罰單大約會吃掉營業額2成以上的費用，「但也只能如此啦！」老闆說。

》硬體設備：

　　整個餐車竟然是老闆自己組裝打造完成的！除了讚嘆不知道還能說什麼。老闆表示，外面賣的統一規格餐車，不見得適合自己的工作習慣和需求。因為做生意的時間長，一點點的不方便都會造成日後工作時，時間和體力的浪費。由於最了解自己需求的還是自己，因此就自己動手拼裝出這檯餐車，由於餐車是完全依照老闆的做事習慣和需求打造的，感覺每項設備都能「各居其位」，精緻且不占空間，加上整個餐車保持得乾乾淨

淨，並不因長年的生意而顯得髒亂，真可說是「麻雀雖小五臟俱全」。詢問老闆大約花費多少錢打造，竟然只有1萬5千元。

》食材特色：

這裡的香腸和米腸都是自己製作的，香腸用的是豬的後腿肉，貨源是從嘉義過來，口感較佳。這裡的糯米大腸並不全由糯米製成，而是由糯米和在來米以1比1的比例製成，老闆表示，這樣的比例才不

會讓米腸太硬。除了兩樣主食外，夾在其中的配料也不能含糊，酸菜、蒜苗、香菜、花生粉、蘿蔔乾、甜薑片都要用心選擇，必須親自處理過才能開始營業，就連醬料也不是買市場上現成的醬料，而是自己親自調配。因此看似簡單的生意，其實在出攤前的準備工作還真是繁瑣呢！

》成本控制：

其實從表面看來，這個小攤販的生意很簡單，賣的就是米腸和香腸，但是由於配菜項目不少，加上米腸、香腸全都

是自己親手做的，因此出攤前的準備工作非常重要。雖然攤位上固定的工作人員只維持3個，分別負責烤香腸、添加配料、招呼客人等工作，但事實上在出攤前，家裡可是有5個人幫忙所有食材的處理工作，每天從早上7、8點便開始忙碌，人力成本其實不低。加上在食材成本上，估計大約占了總營業額的5成上下，所以利潤其實並沒有外界想像中的豐厚。

》口味特色：

由於一份大腸包小腸中的配料極多，除了主食米腸、小腸和個別配菜上的用心製作，最重要的技巧其實是口味上的協調。如何能讓這麼多的配料全部加在一起，卻使口感豐富，而不致於混雜，這就是用心所在。老闆表示，這裡的酸菜、蘿蔔乾買回來後，除了清洗、切斷外，都還需用糖炒過，如此味道才不會太酸或是太鹹，或與其他

口味不融合。當然，客人絕對可以依個人的喜好選擇配菜的搭配。可全部都加，也可選擇自己喜歡的配料加入，這點有點像西方的潛艇堡一樣，食用起來十分有趣。客人依個人口

味和創意自由搭配，算是美味之外的樂趣。而就像所有的台灣小吃一樣，醬料佔有至關重要的地位，這裡的甜辣醬也是老闆親自調配，口味既協調又特殊，能充分發揮醬料的提味功能。

》客層調查：

　　由於附近批發衣服的店家不少，因此這裡以20來歲女性消費者居多，但也不全是這些女性客人，因為米腸和香腸原本就是傳統美食，因此各個年齡層幾乎都是消費者，每逢假日，一天都可以賣出700、800份。近年有很多研究報告指出，西方的速食不健康，這個時候，這樣的傳統美食新吃

雪中紅大腸包小腸

法，十分值得推廣。而老闆在打包食物時，就已經先為客人設想到食用的方便性，一拿到食物，客人只要將紙袋捲下，就可以慢慢吃完整個米腸包大腸，邊走邊吃，又不會弄得滿手油膩膩，不愧是一創新的中式速食，十分值得推廣，而且保證口味、營養價值和價格都勝過西方速食許多。

》未來計畫：

　　由於有了之前開店面而生意銳減的經驗，因此即使現在露天擺攤的環境稍嫌不佳，老闆仍沒有打算要再承租店面經營。而至於是否考慮加盟，老闆的想法也和大多數這種自營的傳統老店一樣，最擔心的還是「食物口味因為大量加盟而改變」。屆時大夥掛著自己的招牌，口味卻不如當初，這樣生意就做不下去了，因此對於是否考慮加盟，老闆目前仍保持謹慎的態度，不會積極考慮其可能性。

雪中紅大腸包小腸

度小月系列 ● 大排長龍篇

●●● 開業數據大公開 ●●●

項目	數字	備註
創業年數	9年	現址
坪數	只有餐車	
租金	無	
人手	3人	做生意現場人數
平均每日來客數	150人以上	
平均每日營業額	1.2-2萬	
平均每月營業額	40萬	
平均每月進貨成本	約5成	
平均每月淨利	約5-6萬	（扣除罰單）

●糯米腸包香腸綜合／40元
傳統食物新吃法，愛吃什麼加
什麼，營養、方便新速食。

●糯米腸加配菜／30元
光吃米腸太單調，加
些配菜，口味豐富又
營養。

money

度小月

雪中紅大腸包小腸

●糯米腸／20元；香腸／20元
以糯米和在來米以1比1完美搭配製
成的米腸，不會太黏、太硬。
自製的香腸，是用豬的後腿肉製
作，口感有嚼勁、不軟爛。

●所有的家當都在餐車
上，提供客人美味又
快速的服務。

●逛街逛到沒時間吃東西，此時大腸包小腸會是最佳的選擇，美味可口
又營養，可以邊走邊吃不麻煩。

●●● 邁向成功第一步 ●●●

》給新手的建議：

　　老闆表示，做生意不是偶然，從小自己就會不斷想點子
看是不是能賺些錢，所以才會創出大腸包小腸的新吃法，這
也就是說，小小的創意可能會在開店前替你的食物加分不
少。但開店後，做小生意除了工時長、工作環境不好外，最

雪中紅大腸包小腸

度小月系列 ● 大排長龍篇

重要的還是要能堅持,不要因為是自己的生意,便有想休就休、想做就做的心態,這樣只會讓客人來了幾次都買不到,最後索性就不來了。準時開店、堅持食物的品質,這是每位老闆必須遵守的準則,著實不可輕忽。

作法大公開

●●● 材料 ●●● (1人份的材料份量)

項目	所需份量	價格	備註
糯米	1兩	35元／台斤	
在來米	1兩	30元／公斤	
豬後腿肉	2.1兩	90元／公斤	
酸菜	適量	250元／5公斤	
蒜苗	適量	60-70元／公斤	
香菜	少許	50元／公斤	
花生粉	適量	48元／公斤	未加糖
蘿蔔乾	適量	210-220元／公斤	
甜薑片	適量	1000元／5斤	

●●● 步驟 ●●●

》前製處理：

1、米腸以糯米和在來米1比1的比例灌製。

2、香腸以醃製後的豬後腿肉灌製。

3、酸菜與蘿蔔乾切段要用糖炒過；花生粉拌糖。

4、清洗香菜；醃製薑片。

》製作步驟：

1、烤香腸、加熱米腸。

money

雪中紅大腸包小腸

2、剪開米腸將香腸放入。

3、添加客人指定的配菜。

4、打包完成。

路邊攤賺大錢

12

money

》獨家撇步：

　　由於配料很多，為了不讓口味太混雜，酸菜和蘿蔔乾都要先用糖炒過，才不會因太酸或太鹹，破壞了整體口味的協調性。

在家DIY小技巧

　　很多人來這邊買香腸回家自己烤，若要問有什麼技巧，那就是在烤香腸時什麼醬都不必加，因為香腸裡的肉已經是經過特別醃製的，再加上其他烤肉醬，反而會破壞香腸的味道。

Note

money

南港老張胡椒餅

看對時間才有賣，人潮排隊紛紛來，
多年功夫真不賴，皮酥味美滿嘴讚。

美味評價：★★★★
特色評價：★★★★★
人氣評價：★★★★★
地點評價：★★★
服務評價：★★★★★
便宜評價：★★★★★
名氣評價：★★★★★
衛生評價：★★★★★

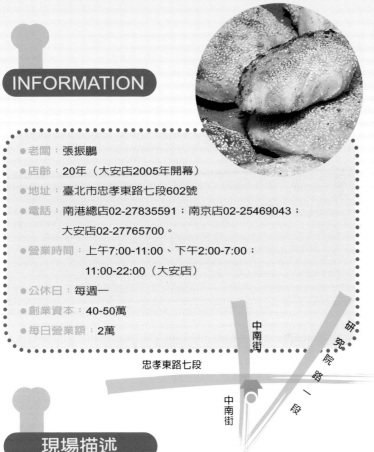

INFORMATION

● 老闆：張振鵬
● 店齡：20年（大安店2005年開幕）
● 地址：臺北市忠孝東路七段602號
● 電話：南港總店02-27835591；南京店02-25469043；
　　　　大安店02-27765700。
● 營業時間：上午7:00-11:00、下午2:00-7:00；
　　　　　　11:00-22:00（大安店）
● 公休日：每週一
● 創業資本：40-50萬
● 每日營業額：2萬

中南街

研究院路一段

忠孝東路七段

中南街

現場描述

　　店裡只賣三種食品，胡椒餅、小酥餅、三角餅，但卻不是隨時來都可以買到，這不只是老闆有沒有營業的問題，而是老闆已經規定什麼時候可以買到什麼食物。目前每週一到週六的下午2點到7點，這裡販售胡椒餅，要吃小酥餅，只有

南港老張胡椒餅

每週日的上午7點到11點，以及2點到7點有賣，三角餅則是
每週二到週日，上午6點到11點才賣。怎麼樣，遊戲規則夠
複雜吧！如果來錯了時間，任你如何懇求，店裡就是沒東西
可賣。店面不是位在熱鬧的夜市，開店時間和販售商品又限
制多多，但有心的饕客就是能不遠千里而來，不禁令人好
奇，是怎樣的美味可以讓客人願意如此遷就。

　　也不知道是老闆突然善心大發還是怎樣，最近一兩年，
才想到在人潮比較多的南京東路和大安路開設分店，並且例
行性供應三角餅和小酥餅，否則為了要吃三角餅、小酥餅，
只能星期天跑到遙遠的南港才能買到，這實在是太誇張了
啦！

路邊攤賺大錢

12

店主訪談

●●● 心路歷程 ●●●

在做胡椒餅之前，老
闆是經營早餐的豆漿店生
意，店裡除了賣豆漿，自
然也有燒餅、饅頭、三角
餅、小酥餅之類的食物。
現在店裡最紅的胡椒餅，
是因為看到有人在賣，於
是自己開始研發，沒想到
賣出之後口味大受歡迎，
竟然還成了店裡的招牌。然

●麵皮發酵完全，口感鬆軟，傳統
口味，歷久彌新。

而，就像每一位生意人一樣，為了生意，三餐經常是隨便
吃，有時甚至忙到8、9點才吃晚餐，加上胡椒餅或燒餅都需
經過烘烤，烤爐溫度很高，要在高溫的環境下長時間工作並
不容易，特別是夏天，工作起來更辛苦。老闆認為，這個行
業不像做其他小生意那樣輕鬆，需要比較多的技巧才能將麵
糰的發酵程度控制得很好，年輕人如果對這個行業有興趣，

最好的方法是先到別人的店學幾年的真功夫，貿然進入並不是聰明的方法。

●●● 經營狀況 ●●●

》命名由來：

　　就和大部分的傳統老店一樣，老闆在開業時都是抱者姑且一試，看自己能不能做成個小生意的心態，因此最初都沒有特別去想店名這件事，多半就是老闆姓什麼店名就是什麼，地址在哪裡店名就包括所在地名。「南港老張燒餅店」就是位在南港的燒餅店，老闆也就是姓張，這樣的店名真是再清楚明白不過。

》地點選擇：

　　最初的店面並不是在現在的店址，而是目前所在地對面建築物的騎樓，當時做的還是早餐豆漿店生意。之所以會選

擇在附近開業，是因為婆婆家住松山的地緣關係，加上20幾年前這附近的租金還算十分便宜，所以並沒多做考慮就在這一帶做起生意了。

》店面租金：

20年前在對面騎樓做生意時，印象中，每月的房租約為3千至4千左右。而目前的店面有兩邊，一邊烤燒餅，一邊是負責前製工作，兩邊店面加起來的面積大約有20坪左右。剛搬到現址時，店面還是承租的，兩間店面租金大概是7千元上下，目前這兩間店已經由自己買下，所以不必負擔租金。但若以附近租金行情計算，大概已經要到4萬元左右。

》硬體設備：

做胡椒餅、三角餅、小蘇餅，最重要的就是烤三個烤爐，每個價錢在2萬元左右。烤箱則每台需要8萬，最重要的是，排煙設備需要特別設計，這項費用花費不少，因此整個店

度小月系列 ● 大排長龍篇

money

裡的硬體設備加加起來大概也要50幾萬。

》食材特色：

做胡椒餅要選擇中筋麵粉，如果麵粉的筋度不夠，胡椒餅貼在烤爐壁會因麵的筋度不夠而下滑。這裡麵發酵的過程，不採用酵母發酵，而是以老麵帶新麵的方式，讓麵自然發酵，因此麵也不能放久。在內餡的豬肉上，這裡選的是豬的後腿肉，口感較好，蔥也是選擇宜蘭蔥，即使在前陣子蔥價狂飆時期，店裡還是堅持使用宜蘭蔥，就是因為味道比較甜。由於長期做生意，店裡的食材自然會有固定的配合廠商，廠商會知道店家對的品質需求，但店家仍會時時注意每次進貨的食材品質。若品質不符要求，一定會即刻反應，並不會因為方便而忽略了品質要求。

》成本控制：

　　開店最主要的負擔大概就是店面、人事成本、食材成本和硬體設備這些，以這家店來說，當初的創業成本約50萬左右，目前例行的成本，人事成本加上食材成本就已經佔到總營業額的4成左右。但是今年10月才開張的大安店，創業資本卻已經攀升到70萬左右。老闆表示，不要看店裡除了幾個烤箱、烤爐幾乎沒有什麼設備，其實為了排煙，店裡已經要加裝排煙設備，這些設備的電力需要特別申請，花費基本都要在20到30萬左右。

　　通常小生意賺的都是辛苦錢，如何將本求利會是經營的重點。而在這些成本中，為了維持食物的品質，食材費用的降價空間不大，但在人力的安排上，可以隨店裡生意的淡旺季加以調整，生意好的時段人手多些，平常時段就不需要雇用太多人，謹慎控制每項做生意的成本確實是做小生意的老闆要時時留心的問題。

南港老張胡椒餅

》口味特色：

　　這裡的每樣食材完全不添加任何人工調味，麵是以老麵帶新麵的方式發酵，老闆表示，這樣的發酵方式，麵較沉香，但也因此製作時要加入鹼性的蘇打粉中和。蔥要宜蘭的甜蔥，豬肉要求是後腿肉，優等的食材已經決定食物好吃與否的大半因素，再加上店裡所有的配料都是當天製作、當天賣出，每天上午準備，下午就使用，80幾斤左右的內餡份量，約是一日所需。

　　食物新鮮，自然美味也就加分，剩下的就是老闆多年的製作經驗，和對食物的堅持。面對愈做愈好的生意，要堅持品質，還是得秉持著「每次都是第一次」的謹慎態度做事。在過程中每每看到包不好的胡椒餅，老闆都主動挑起來重

做，烤餅的時間和火候也絕對不會因為面對大排長龍的客人而隨意處理，就是這樣認真的態度，才能讓這家不論在地點或是商品多元性都不具優勢的小店，能在競爭激烈的胡椒餅市場中脫穎而出。甚至，在筆者採訪當日，排隊的阿公，都不諱言地豎起大拇指，誇說台北的胡椒餅這裡的最好吃啦！

　　除了胡椒餅，這裡還提供甜、鹹兩種口味的小蘇餅。甜的口味，原本只有傳統糖膏蘇餅的口味，後來又因為健康概念而推出高鈣的黑芝麻酥餅。每個小蘇餅都是在高溫攝氏250度的烤箱下烘烤，每次出爐60個，各個香酥可口，深受消費者的歡迎。三角餅，選用的麵，更是老麵中的老麵，製作難度也最高，即使冷了再吃，味道、口感也一樣受到歡迎，是老闆娘大力推薦的品項。

●剛起鍋的胡椒餅，頃刻之間一掃而空。

南港老張胡椒餅

路邊攤賺大錢

12

money

》客層調查：

很難把來店的客人做出歸類，有男、有女、有老、有少，有騎著機車前來購買的，也有開車過來的，還有打扮入時的上班族、附近工地的工人、家庭主婦、70—80歲的阿公阿婆，甚至是年紀小的學生。稍稍詢問客人從哪裡前來，除了附近的鄰居，竟有不

●這裡不是夜市，也不市鬧區，人潮只爲購買胡椒餅。

少人是特地繞到這裡購買，難怪老闆說每天可以賣掉700到800個胡椒餅。看著每個等待已久的客人，一買就是幾10個，這點大概是這些客人的唯一共同特色，只有極少數的客人是經過漫長等待後，只買1個。

》未來計畫：

原本位居南港的小燒餅店，近兩年來已經有了2家分店，一家是位於南京東路四段的分店，早上賣的是三角餅，下午賣的是小酥餅。最近才剛開幕的大安店，位於大安路一段，以賣三角餅為主，因為已經有了3家店，短期之內不會有新的拓店計劃。

●●● 開業數據大公開 ●●●

項目	數字	備註
創業年數	20年	
坪數	8坪	兩處
租金	無	附近行情約四萬
人手	4-5人(平日)； 6-7人(假日)	
平均每日來客數	200人	
平均每日營業額	2萬以上	
平均每月營業額	60萬	
平均每月進貨成本	總營業額的4成	含人事、食材成本
平均每月淨利	約20萬	老闆工錢未扣除

●胡椒餅／30元
麵皮發酵完全而有豐富的層次，加上新鮮又入味的內餡，就成了大受
歡迎的胡椒餅。另有，鹹酥餅／10元；糖膏酥餅／15元；黑芝麻酥餅
／15元；三角餅／15元。

南港老張胡椒餅

度小月系列 ● 大排長龍篇

money

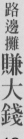

●●● 邁向成功第一步 ●●●

》給新手的建議

　　製作胡椒餅的技術並不是一下可以學成的，需要多年的經驗，因此不建議新手貿然加入，最好能在別人的店裡學幾年經驗。此外，因為要用到烤爐，工作環境溫度非常高，勞力消耗很大，女性可能會比較不適合這個行業。

作法大公開

●●● 材料 ●●● （1個胡椒餅材料份量）

項目	所需份量	價格	備註
中筋麵粉	1.8兩	18元／公斤	
豬後腿肉	1.6兩	80-90／公斤	
蔥	適量	時價	

●●● 步驟 ●●●

》前製處理：

1、以老麵帶新麵，加入蘇打粉，讓麵發酵。

2、將肉醃製、調味。

南港老張胡椒餅

路邊攤**賺大錢**

12

money

》製作步驟：

1、將麵分成每個胡椒
　　餅大小的麵團。

2、肉放入麵團中；蔥
　　放入麵團中。

3、將麵團調整成胡
　　椒餅的形狀。

4、用手拿胡椒餅
　　麵團沾糖水，
　　再沾芝麻。

5、將胡椒餅麵團
　　放入已經預熱
　　半小時以上的
　　烤爐中。

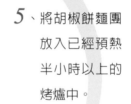

6、約十分鐘可
　　起鍋。

7、每次起爐後
　　都要清洗烤
　　爐。

度小月系列 ● 大排長龍篇

money

》獨家撇步：

麵粉的筋度十分重要，否則餅貼在烤爐壁時會滑落。

在家DIY小技巧

買回家後如果沒有當天食用，食用前可用烤箱處理。處理方式是先將烤箱預熱至250-300度，烤1分鐘後，再燜一會即可。

美味見證

姓氏：李潔嵐
年齡：43歲
職業：修改衣服、居家清潔

推薦原因：這裡的胡椒餅麵皮與別家不同，吃起來很有層次，瞬間的高溫也讓豬肉的味道得以保鮮，蔥又是選用宜蘭的，感覺特別的甜。

南港老張胡椒餅

度小月系列 ● 大排長龍篇

Note

money

沈記麻辣臭豆腐

有無店名沒問題，口味獨特包滿意，
豆腐油飯加意麵，滋味懷念一整年。

美味評價：★★★★★
特色評價：★★★★
人氣評價：★★★
地點評價：★★★★
服務評價：★★★★★
便宜評價：★★★★★
名氣評價：★★★
衛生評價：★★★★★

INFORMATION

- ●老闆：沈框雄
- ●店齡：10年
- ●地址：台北縣中和市景新街410巷18-1號（景興夜市）
- ●電話：0910342450
- ●營業時間：16:30-01:00
- ●公休日：有事星期日休，或過年期間的4天
- ●創業資本：10萬
- ●每日營業額：1萬

景

一　段

興　南　路

新

南勢角
捷運站

沈記

信

街

義

街

現場描述

　　店址位於景興街410巷18弄巷口的店面，可以說是兩個攤位的組合，一個賣的是臭豆腐和香菇油飯，一個賣的是麵食和滷味，多種食物品項，提供客人多樣選擇，但這卻不因為食物品項的繁多而失去特色。這裡的麻辣臭豆腐是人氣最

沈記麻辣臭豆腐

路邊攤賺大錢

12

money

旺的食品，很多台大老教授都是這裡的常客，更有許多大陸籍人士或是新加坡人打包帶到國外。油飯是用木桶製作，香氣撲鼻，且米粒顆顆美味，其他如意麵、各式滷味也都十分受到客人的喜歡。

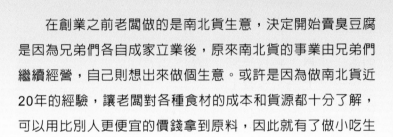

店主訪談

●●● 心路歷程 ●●●

　　在創業之前老闆做的是南北貨生意，決定開始賣臭豆腐是因為兄弟們各自成家立業後，原來南北貨的事業由兄弟們繼續經營，自己則想出來做個生意。或許是因為做南北貨近20年的經驗，讓老闆對各種食材的成本和貨源都十分了解，可以用比別人更便宜的價錢拿到原料，因此就有了做小吃生

意的念頭。而不管賣什麼食物，進貨成本總是能比別人還低，其中的臭豆腐、油飯、意麵等都十分受到消費者的歡迎，而生意也就一直這樣做下來了。

然而，分享到開店的甘苦，老闆表示，工作時間長是最辛苦的地方，而且因為家裡的小孩都還在唸書，雖然生意忙到很晚，但隔天一大早還是得起來先照顧孩子上學。目前店面是下午4點半才開始營業，但是從1點半就要開始備食材，整天下來每天工作平均超過12小時，工時真的很長。此外，小攤販的工作環境稍嫌不佳，賣吃的東西難免油油膩膩，這些都是不為外人所知的辛苦之處。

對於其他同行的競爭，老闆倒是不太擔心，認為只要堅持自己的食物品質，就會有老主顧不斷上門，事實上店裡的客人也確實有7成

●獨家臭豆腐湯底口味了得，連外國人都堅持打包後才上飛機。

度小月系列 ● 大排長龍

money

沈記麻辣臭豆腐

路邊攤賺大錢

12

money

以上都是老主顧。老闆表示，自己從來不曾主動做過任何宣傳或是刊登廣告，倒是客人的口耳相傳效果很大，有些客人覺得食物好吃，就主動把自己的美食經驗放在網路上，看了這些介紹前來的媒體或是客人為數不少。

●●● 經營狀況 ●●●

》命名由來：

由於當初一心想做生意，便在自家門前擺起了攤位，也沒想到要為自己取個什麼響亮的稱號，因為自己姓沈，既然沒有店名，來訪的媒體乾脆給了一個「沈記」的稱呼，其實有沒有店名老闆倒是不在意，主要是客人喜歡自己店裡食物的口味最重要。

》地點選擇：

　　15年前，老闆的家就在興南夜市內，也就是目前店面所在位置，當時的興南夜市十分繁華，是非常適合做生意的地點。但現在的興南夜市已稍微沒落，因此，許多喜歡店裡口味的客人甚至建議他到台北東區做生意，但考慮到店面租金大概會上漲到一個月4萬元，雖然人潮就是錢潮，確實可能會讓生意更好，但由於孩子目前仍在唸書，一時之間還不會做這樣的打算。

》店面租金：

　　店面所在地就是自家留下的騎樓用地，由於是夜市，所以在這裡營業並不會收到罰單。但是自己並不是房子的唯一所有人，整棟房子是由兄弟們一起持有，因此整個約5、6坪大的營業面積，老闆還是要負擔每月2萬元的租金，但這還是比附近的行情低些。和其他如公館、士林或是東區的夜市租金相比，這裡的店租似乎更便宜的多。但老闆認為南勢角並不像士林或公館是許多大眾交通工具的轉運站，或是像淡水有著無可取代的觀光資源，可以聚集大量的人潮，反倒是本地的人因為捷運帶來的方便都跑到外面去消費了。老闆也觀察到現在愈來愈少客人會特別為了美味的食物而特別跑到

度小月系列 ● 大排長龍篇

沈記麻辣臭豆腐

一處消費,主要原因可能是因為經濟部的輔導,現在幾乎到處都有規劃好的小商圈存在,但或許也因整體經濟不景氣的緣故,人們不大想花時間,於是就近在家附近吃吃就好。人潮走了,夜市店面的租金自然也不可能太高,但儘管夜市稍微沒落,老客人源源不絕卻仍是讓店家生意好的緣故。

》硬體設備:

店裡的生財器具蠻簡單的,就是兩輛餐車,一到兩個冰櫃、煮飯的木桶、器具和食物展示櫃,這些器具到處都可以買到,而且價錢差異不大,大約10萬元左右就能備齊。

》食材特色:

由於老闆之前就是做南北貨生意的,哪些食材好,老闆是一試就知道。店裡的酸菜都是到中央市場採購,直接從南部上來的貨源,而且只挑

酸菜心，因為口感最脆，每台斤可以用25元的價格購得。香菇用的是埔里的香菇，每公斤要價500元左右，和大陸香菇每公斤只要100元，價差不小，但是因為埔里的香菇比較香嫩，所以不會去選擇大陸的香菇。臭豆腐也是手工製作的，吃起來口感比較軟，價錢當然比機器做得臭豆腐高出不少。

》成本控制：

同樣也是因為老闆精通南北貨生意，哪裡可用最低價購得好食材，他可是一清二楚。蝦米和醬油都是從工廠直接取貨，價格一定比別人便宜。以醬油為例，這裡的醬油用的是

沈記麻辣臭豆腐

度小月系列●**大排長龍篇**

money

味全「金味王」醬油,因為老闆過去和味全公司的外務相當熟識,自然可以取得不錯的價錢,大大降低食材成本的壓力。當然,之所以可以取到好價錢真正的原因,自然也是店裡的採購量確實很大,光是醬油一天就要用掉2瓶左右。對食材的了解和採購成本的精通,顯然是老闆做小吃生意得以立於不敗之地的基礎。

》口味特色:

許多客人就直接表示,這裡的油飯比知名彌月油飯好吃太多。以木桶製作的油飯香氣撲鼻,米粒顆顆晶瑩,尤其香菇、蝦米讓香味加分,綴以紅蘿蔔丁的顏色,讓油飯色香味具全,令人食指大動。知名的麻辣豆腐更是不可錯過的美食,臭豆腐的

湯底不加味精，包括榨菜、香菇、青豌豆、小魚乾、蝦米、絞肉、芹菜、蔥等多種配料，吃起來豐富、味道香濃富層次。辣油則是老闆特調，口感麻辣卻不是死辣，可依口味選擇大、中、小辣，即使不敢吃辣的人也會覺得辣油的味道不錯，建議客人不妨試試。另客人在選用臭豆腐時，還可依喜好搭配三項配料，大腸、金針菇和鴨血。老闆表示這裡的鴨血由於烹煮的方式不同，口感特別細緻且入味，喜好美食的饕客一定不能過。

》客層調查：

　　店裡賣的食物都是傳統美食，因此客戶的年齡層或職業也不會有太明顯的偏向，可說是老少皆宜。店裡的客人除了前來用餐的附近鄰居，也有遠從內湖或是高雄來的，更有不少知名人物像是連戰、李登輝也都曾差人前來購買，記得有一回總統府說要購買100份臭豆腐，要請店家送過去，但店裡就只有夫妻兩人在做生意，根本不可能有時間外送，所以最後也只好忍痛回絕，由此可知店裡的臭豆腐真是大大有名啊。而且不只國內，許多大陸籍人士和新加坡人來到這裡吃過臭豆腐，上飛機前還特地來這裡打包回國食用，真叫人感動。老客戶的支持，就占了總營業額的7成，可見生意好真的是憑本事。

沈記麻辣臭豆腐

度小月系列 ● 大排長龍篇

》未來計畫：

雖然做生意的時間長，工作也十分忙碌，但是老闆對小
孩的管教卻是極其嚴格。出門上下學都要電話聯繫，三餐也
堅持要煮給小孩吃。對於小孩的照顧極其重視，因此店面在
自家樓下，當然是最方便的選擇。

在加盟的計劃上，雖然也曾有連鎖店業者來找過他，但
老闆認為經營一家店，從食材、作法、衛生、地點和在地消
費習慣都要考慮清楚，隨隨便便接受人家的加盟，卻不能保
證對方是否真能把生意好，在這樣的考慮下，開放加盟，態
度稍微保守了些。

沈記麻辣臭豆腐

度小月系列 ● 大排長龍篇

●●● 開業數據大公開 ●●●

項目	數字	備註
創業年數	10年	
坪數	5坪	現址
租金	2萬	
人手	2人	包括自己
平均每日來客數	150人以上	
平均每日營業額	1萬	
平均每月營業額	30萬	
平均每月進貨成本	約5成	
平均每月淨利	10萬	

●臭豆腐／40元（大腸、金針菇、鴨血各加20元）
　靠著料多豐富的特殊湯底，和老闆特調的辣醬，這裡的臭豆腐可是名
揚國際。

money

沈記麻辣臭豆腐

●香菇油飯／30元
香菇油飯是用木桶
蒸製，每口味道都
十分入味，米粒鬆
軟有嚼勁。

●意麵／25元(小)、40
元(大)
這裡的意麵是雞蛋意
麵，加上特殊的烹煮
技巧，口感特別Q。

路邊攤賺大錢

12

money

●●● 邁向成功第一步 ●●●

》給新手的建議：

在入行之前，第一步，一定要先做市調，先試吃別人的
口味，再自己調整出比別人更好吃的味道，做出自己的特

色。當然對於與生意相關的協力廠商也要有一定的熟悉度，這樣才能掌握充分的創業資源。除了這些理性的思考，對於工時長、工作環境不佳等問題，也都要有心理準備，否則生意很難做長久。

度小月系列 ● 大排長龍篇

作法大公開

●●● 材料 ●●● （1人份的材料份量）

項目	所需份量	價格	備註
豆腐	2塊	10幾元	
滷包	1個	獨家秘方	
香菇	適量	300元／台斤	
蝦皮	適量	80元／台斤	
小魚乾	適量	100元／台斤	
絞肉	適量	100元／台斤	
鴨血	半片	10元／每片	
金針菇	2兩	100元／台斤	
大腸頭	1兩	160-180元／台斤	

●●● 步驟 ●●●

》前製處理：

1、豆腐用水洗
　　過。

2、臭豆腐湯底
包括香菇、
蝦皮、小魚
乾等配料。

沈記麻辣臭豆腐

度小月系列 ● 大排長龍篇

money

沈記麻辣臭豆腐

度 小月

3、辣油是以是辣椒醬為底，再加上新鮮辣椒炸出來的辣油調味而成。

》製作步驟：

1、臭豆腐放入湯底中煮，約一小時後可以入味，煮愈久愈入味。

2、裝碗時辣油可隨客人口味分為大、中、小辣。

》獨家撇步：

　　湯底和特製的滷包是臭豆腐好吃的秘密所在。此外，臭豆腐滷得愈久會愈入味，如果客人實在太多，至少也要超過1個小時，味道才會入味。

在家DIY小技巧

　　買回去後可先冷凍，待要食用時，入微波爐微波2分鐘即可時。

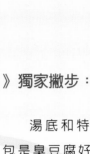

沈記麻辣臭豆腐

度小月系列 ● 大排長龍篇

money

通化街米粉湯

米粉味香傳千里，循香下馬嚐不膩，
海陸葷素全都有，價位公道饕客齊。

美味評價：★★★★★
特色評價：★★★★
人氣評價：★★★★
地點評價：★★★★★
服務評價：★★★★★
便宜評價：★★★★★
名氣評價：★★★★★
衛生評價：★★★★★

度小月系列 ● 大排長龍篇

INFORMATION

- 老闆：胡太太
- 店齡：56年
- 地址：臺北市大安區臨江街92號之1（通化夜市總店）
- 電話：0955342611
- 營業時間：上午10:00-凌晨01:30
- 公休日：颱風
- 創業資本：不可考
- 每日營業額：3-4萬

光復南路

信義路

通化街

基隆路二段

臨江街

現場描述

　　在通化街的米粉湯店中，赫然發現「圓山飯店」總裁宗才怡竟是座上賓，願意委身在這樣的小地方用餐，想來，這裡的食物一定有獨到之處。看看牆上的招牌，大大寫著「專營豬內臟」，這大概是中國人才能了解的美味。餐車前放置

通化街米粉湯

●達官貴人、市井小民都敗倒在美味的米粉湯下。

各式各樣的豬內臟，舉凡軟管、脆管、小肚、豬肚、豬皮、豬肺、豬粉乾、豬心、豬舌、豬肝腱……一應俱全，還有鯊魚、魷魚等海味，這些新鮮食材待客人選好，立即放入滾燙的水中汆燙，口味特別鮮美。而主食部分米粉湯最為知名，蚵仔麵線也有賣，雖然攤位不大，美味選擇卻多，難怪客人總是絡繹不絕。

店主訪談

●●● 心路歷程 ●●●

　　由於北上打拚，並沒認識太多人，也沒有什麼一技之長，所以只能做個小生意過活。高齡70多歲的頭家孃，目前

仍然每天在店裡工作。媳婦表示，在公婆的那個年代，生活非常困苦，當時做生意也沒有現在這麼方便。婆婆懷孕生下小孩後，竟然隔天仍繼續擺攤做生意，完全沒有坐月子，十足打拚、辛勞。公公已經逝世，目前店裡每晚都由兒子和媳婦輪流照顧，但是婆婆仍是每天過來，對於工作的堅持，可說是克勤克儉的典範與表率，子女和晚輩們均深受婆婆身體力行的影響，為生意積極奮鬥著。

目前自己也已自己開業的媳婦表示，一家店是否能成功，老闆的管理能力十分重要。管理能力體現在進貨備貨的適量、現場的控管能力、上菜的秩序和速度的安排，以及和客人的應對等各方面，這些都需要有長年累月的現場工作經驗才能體會，在婆婆的店裡工作讓自己學到很多。

今時今日，公婆可說是為整個家族打下了穩固的事業基礎。目前兩個兒子、女兒都分別經營米粉湯的生

●米粉湯這裡最香濃，豬內臟更是沒話說。

度小月系列 ● 大排長龍篇

money

意，由總店分支出去的米粉湯店已達8家，每家店隨著所在位置和老闆本身的想法，雖有些許更動，但作法仍是傳承總店米粉湯的原則。其實，這也是經營傳統小吃最理想之處，傳統食物不容易被淘汰，趕流行的東西則容易隨時間被淘汰，例如蛋塔、甜甜圈都曾紅極一時，但只要風潮一過幾乎無法持續經營，這是很大的不同點，想做小吃生意的人應該仔細評估。

●●● 經營狀況 ●●●

》命名由來：

　　從南部北上來台北打拚的胡氏夫婦，最初因為同鄉朋友的落腳處，即在現在的通化夜市一帶，於是北上後也順理成章地在通化街一帶落腳，以便有個好照應。本身在鄉下務農，北上後想做個小生意謀生，於是嘗試做米粉湯生意。生意剛開始時並沒什麼人教導，也不斷嘗試賣過很多東西，最後才發現米粉湯最受歡迎。店名也沒特別取過，只在招牌上寫了個大大的「胡」字，又位處知名的通化街，顧客便喚作「胡記米粉湯」。

》地點選擇：

目前小店的地點位於熱鬧的通化街夜市，看似非常好的地點，但事實上在創業之初，通化街可是一點也不熱鬧，會選擇在這裡開店，純粹因為在此落腳。加上當時考慮的只是地點離家近，會比較方便些，對於人潮、市場，坦白說「當初根本沒有想太多」。倒是現在通化街夜市發達起來，帶來大批人潮，自然對生意有不小幫助。

》店面租金：

目前餐車所在的位置是政府列管的合法攤位，每年固定要繳交稅金，因此不會有罰單的問題。但目前小店的營業面積，除了餐車所在的位置外，還承租了對面建築物的1樓，生意好的時候2、3樓都是營業面積，但近年來受經濟不景氣

影響，目前營業面積只在1樓的平面，即騎樓外的部分空間，大小約近20坪，共可放置約20桌，每桌4人，滿座人數80人。目前房租每月在12萬上下，附近店家的店租也都在10到15萬之譜。

》硬體設備：

餐車、煮麵的相關器具、冰箱、冷氣、桌椅、餐具……大概就是所有的生財器具了，這些生財器具約要花上15萬，但由於創業年代久遠，不大記不得當時的成本是多少，倒是最近媳婦在延吉街開的米粉湯店，由於地點租金高，又是走高格調路線，創業資金就要快180萬，其中包括房屋的押金、租金、頂讓費、仲介費、生財器具、裝潢等，加上店面較大，冷氣也很多台，這些都是不小的費用。

》食材特色：

店裡的食材都有固定的廠商每天配送，而且所有食材一定當天賣完不留隔夜，食材新鮮是美味保證的最重要關鍵。由於標榜的是專營豬內臟，對於內臟的品質也就特別挑剔，舉凡肉質、肉色都是要求的重點，配合的廠商合作久了也都知道店裡的要求，所以不敢大意。在米粉的選擇上，一直以

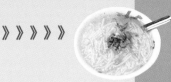

來，這裡的米粉都是向固定廠商訂購，這大概也是這些年來過濾多種米粉後的選擇，店裡的米粉即使煮久了都能保持一定的Q度，而不會脆裂無口感。

》成本控制：

做生意食材的使量大，價錢自然比一般市場裡賣的食材價錢便宜些，目前店裡每日進貨的肝腫要到20斤、大腸要到40斤，用量都很驚人，但其實豬內臟的成本本來就比較高，而小吃攤的定價又不能太高，目前豬內臟除了豬皮是小盤30元、大盤50元外，其他一律是小盤50元、大盤100元。這樣的定價其實利潤並不高，反倒是客人最常點的豆腐和青菜利潤相對比較好。在人事成本上，每人工時每小時是100到120元，每天下午6點到12點是生意最好的時候，至少要5個人手才忙的過來，但因為工作環境不好，所以人手其實蠻難請的。

》口味特色：

　　這裡的米粉湯吃起來特別香濃的原因就在大骨熬成的湯底及豬油、油蔥酥。但畢竟每個人的口味不同，偶而也會遇到喜歡吃清淡口味的客人，這時店家會以白湯沖淡米粉湯原本濃郁的口味。在豬內臟方面，這裡豬內臟的口感吃起來特別軟嫩，主要差別就在烹煮的功夫，像是肝臁和大腸都要煮久一點，豬肉如果比較老也要煮久些；大腸也會因為肥瘦而影響烹煮的時間；粉肝則要控制到顏色接近淺粉紅色但不見血，口感才不會太軟或太硬。青菜要燙得翠綠，且口感清脆，加上特製的肉燥更能顯出美味。若選用的是海鮮或是生腸，就一定得搭配這裡用蕃茄醬、醋、醬油、糖、辣椒一起調製而成的「特製五味醬」，口味更加分。

　　當然烹煮的技巧也會影響食物的美味，有些東西下鍋後

要注意加熱時間，若時間太短會不夠熟軟。而且，以大鍋方式煮米粉湯，米粉煮久了，味道會跑掉，還是不如現煮的新鮮米粉口感好，因此就有不少客人表示「通化街這攤的米粉吃起來特別好吃」，大概就是因為是大鍋煮，生意好，米粉新鮮的關係。

》客層調查：

熱鬧的通化夜市，學生、上班族、家庭主婦、國外觀光客……各階層的客人通通有，對傳統美食的喜好不分年齡，這就是做傳統小吃生意的好處。口味不追新，客人接受度大，市場自然就廣。一回眼看到「圓山飯店」總裁宗才怡竟是座上賓，不禁讚嘆起這家店的美味魅力，宗才怡小姐大概怕受人囑目，還特意選擇了一個靠角落的位置用餐。原來美食

通化街米粉湯

度小月系列 ● 大排長龍篇

money

就是能讓人聞香下馬，大飯店固然有山珍海味，小攤販卻也有令人垂涎的傳統美食，路過這裡，不論你是市井小民或是達官貴人，美食當前怎能錯過。

》未來計畫：

　　目前除了總店之外，其實已經有8家從這裡分支出去的米粉湯店。分支出去的8家店各有各自的店名，但口味和作法都是以總店米粉湯口味為基礎傳承，再以個人口味改變。例如二媳婦就已經開了3家米粉湯店，分別是在雙城街、板橋、延吉街。老店到了年輕人的手上，也帶來了一些不同的想法與創意。

　　首先在用餐條件上，就是最基本的要求，特別是仁愛路附近的延吉店，走的是高檔路線，光是創業成本就投下180萬，而且是24小時營業，當然，為了支付這裡的高額租金，這裡和總店相同的食物會貴個10元，並且可搭配些熱炒菜色。媳婦表示，過去自己和先生曾經投資過兒童營養午餐的生意，一賠就是幾千萬，這樣的經驗讓自己知道，不熟悉的行業絕對不要隨便踏入，未來自己的創業模式，一定會從米粉湯這個主業出發，再觀察每家店的情況搭配其他熱炒或是更多樣的食物，這樣生意才能穩穩當當。

通化街米粉湯

●●● 開業數據大公開 ●●●

項目	數字	備註
創業年數	56年	現址
坪數	近20坪	
租金	12萬元／月	
人手	5人	包括頭家嬤
平均每日來客數	200人	
平均每日營業額	3-4萬	
平均每月營業額	100萬	
平均每月進貨成本	約3成	
平均每月淨利	40萬	

●米粉湯／30元（小）；50元（大）
　這裡的米粉湯加了豬油和自己炒的
　油蔥酥，口味以香濃稱著。

度小月系列 ● 大排長龍篇

money

●豬內臟／50元（小）；
100元（大）
每樣豬內臟都有不同的愛
好者，內臟要好吃烹煮的
時間很重要，有些不能燙
太久、有些又要燙久些，
全憑經驗控制。

●豆腐／30元（小）；50元（大）
豆腐煮的十分軟透，也是點米粉
湯的客人最喜歡搭配的小菜。

●餐車不大，但從米粉湯、蚵仔麵線、豬內臟，到鯊魚、魷魚、豆腐、燙青菜，這裡可是一應俱全。

●●● 邁向成功第一步 ●●●

》給新手的建議：

　　做生意其實沒有什麼捷徑，有人說「教人死，不教人做生意」（台語），由此可知生意人總是不會將成功的關鍵公諸於市，只能說有失敗才會成功。若一定要說點建議，市場調查是做生意前一定要做的功課，了解自己的產品適合在哪裡開店，例如咖啡店就不適合在住宅區，總之自己不熟悉的行業千萬不要去做。

money

除此之外，做小生意的工作時間長，以店裡的生意來說，從早上7點就要開始準備食材，一直到12點半收攤後，還要收拾到深夜2點多才能休息，賺的其實

是辛苦錢，因此如果過去是坐辦公室的人，一定得克服小吃攤工作環境悶熱、油膩的情況，否則不論食物是否美味，光是身體就很難支撐得住。

作法大公開

●●● 材料 ●●●（1人份的材料份量）

項目	所需份量	價格	備註
豬大骨	適量	50-60元／台斤	
米粉	適量	20-30元／台斤	
紅蔥頭	適量	30-40元／台斤	自己炒成油蔥酥
芹菜	適量	20元／台斤	
胡椒粉	適量	100元／台斤	

●●● 步驟 ●●●

》前製處理：

1、以大骨熬湯底。　　*2*、將紅蔥頭炒成油蔥酥。

》製作步驟：

1、大鍋中加豬油。

2、米粉放入鍋中煮約15分鐘，直到米粉變粗並斷成小段即可。

3、加油蔥、芹菜、灑胡椒。

4、挑選喜愛的小菜，放進米粉大骨湯中涮過。

5、涮好裝盤，淋上特製醬料。

6、放上香菜和薑絲，美味小菜
　　完成。

度小月系列 ● 大排長龍篇

money

通化街米粉湯

路邊攤賺大錢

12

money

》獨家撇步：

　　米粉湯要香一定要加豬油。

在家DIY小技巧

　　米粉要新鮮最好現煮現吃，放入豬油和紅蔥頭米粉會更香濃。

度小月系列 ● 大排長龍篇

Note

money

西門町魷魚平

40年老魷魚羹　21種美味秘密
搭配純正蒸米粉　美味享受only魷

美味評價：★★★★★
特色評價：★★★★
人氣評價：★★★★★
地點評價：★★
服務評價：★★★★★
便宜評價：★★★
名氣評價：★★★★★
衛生評價：★★★★★

INFORMATION

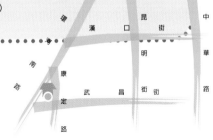

- ●老闆：梁嘉平
- ●店齡：40多年
- ●地址：臺北市康定路2號
- ●電話：02-23313394
- ●營業時間：9:30-21:00
- ●公休日：隔週星期一休
- ●創業資本：目前若要創業，資本約需120萬
- ●每日營業額：3萬（估計值）

漢口街　昆明街　中華路

康定路　武昌街　成都路

度小月系列 ● 大排長龍篇

現場描述

　　從熱鬧的西門町漸漸往北走向康定路，在康定路頭的邊角間，看見一家小店，它的營業面積佔據整個人行道，在寒冷的冬天只能以透明塑膠布將店內與店外隔開，這樣的佈置在夏天裡或許能讓人在視覺上感覺比較寬敞，但在寒冷的冬

天，那可真是不怎麼有趣。而為了讓客人感到暖和些，店裡竟架起了一個個炭爐。在12月的寒冬裡，靠近環河路旁、人煙稍少的康定路頭，卻看到小店裡滿滿的客人，各個穿著厚重外套，圍在一個個炭爐旁，就這樣吃起店裡「唯二」的食物——魷魚羹和炒米粉，實在是挺特別的景象。若你有時間坐下來嚐嚐這裡食物的特別滋味，一定就能明白，為何會有人願意專程前來，又為什麼會有人願意在寒冬中烤著炭爐吃魷魚羹配米粉。

店主訪談

••• 心路歷程 •••

被員工尊稱為「阿公」的第一代老闆，年輕時在餐廳當學徒，總覺得那樣的生活不但辛苦，而且領的是固定薪水，

是存不了錢的，於是便有自己做生意的念頭。剛開始做生意時是推著餐車，當時工作十分辛苦，連一碗魷魚羹都要親自幫客人送到5樓，太慢了也不行，下雨天情況更是不好，但老闆又沒讀太多書，只能靠多勞來賺辛苦錢。

　　老闆做魷魚羹的技術最初全憑自己的經驗，但後來遇到一位朋友，這位朋友過去是在日本龜甲萬醬油公司師傅旁邊幫忙的學徒，天天看著師傅如何調理龜甲萬醬油的味道，他頗有一些心得，也願意把這個技術傳給老闆，至從湯頭改變後，生意確實變得愈來愈好。老闆表示，就是這個特別調味的湯頭，讓自己的魷魚羹有了與過去完全不同的風味。自從學到這樣的技術，30多年來，自己從未曾改變湯頭的基本味道，但這並不表示老闆對魷魚羹口味的研究不用心，他可曾經一天吃過17家以上的魷魚羹，為的就是比較各家魷魚羹的特色，藉此調整魷魚羹口味。

●魷魚好吃、米粉香Q，地方再遠、天再冷都要來一碗。

好湯頭加上好口味,自然讓店裡的生意愈來愈好。生意好了,老闆卻依舊堅持只賣魷魚羹和炒米粉「兩味」。老闆表示,食物不要賣太多樣,這樣沒有辦法讓每次的口味都維持在相同的水準,也因為只賣這兩味,所以食物才會好吃,而食材也才會新鮮。此外,這裡的佐料用的都是「名牌」,而不會使用來路不明的雜牌貨,讓美味得以40年不改變的秘密,其實就在這些小小的堅持。

●●● 經營狀況 ●●●

》命名由來:

初次看到「魷魚平」這個店名,似乎有些沒頭沒腦,究竟有啥意義很難理解,難道是說魷魚是平的嗎?這樣也怪好笑的。問過老闆之後,才恍然大悟,原來是過去老闆以攤販形式在經營生意時,並沒有特別為自己的攤位取名字,後來

是因為開店後才想到替自己的店取個名字，那時有位朋友說老闆的名字既然有個「平」字，又以賣魷魚羹出名，那就叫「魷魚平」好了，這樣是不是合邏輯多了，真是名正言順，饒富趣味。

》地點選擇：

老闆最初並沒有開店，而是推車餐車做生意，當時做生意的地點就在現在的店面附近。因為地緣關係，也就在這附近買下了店面，也正因為如此，老闆在做擺攤生意8年後，一轉為店面，老主顧便紛紛跟著上門，有了寬敞的空間，客人不但沒有流失，反而愈來愈多。

》店面租金：

若單就客人所看到的營業和用餐面積，店面大約是10坪左右。由於店面是老闆買下的，自然不需負擔租金，或擔心罰款之類的問題，但若要以附近的月租行情來看，這樣的店

面每個月可能要3萬元左右。但除了每天經營的店面,為了生意,老闆還有另外兩間房子,一間是放食材,一間是處理食材,老闆認為把處理食材的地方和吃飯的地方分開才會衛生,也就是說為了做個小生意,老闆可是花了3間房子的成本。

》硬體設備:

由於店裡只賣兩樣食品──魷魚羹和米粉,因此所需要的設備也就十分簡單。煮麵的檯子、冷氣、桌椅等,大概就是一般小吃攤做生意需要的設備,沒有什麼特殊的設備要求,如果要做一個大概的估計,所有設備加起來,大約50萬左右。老闆表示,「做生意重要的不是設備,製作食物的功夫才是重點」,而且目前店裡的設備買的時候或許是要花些錢,但是如果生意不做了要轉手賣給別人那可就一點也不值錢了。

》食材特色:

老闆幾乎是開宗明義的表示,這裡的佐料和食材全部都是「名牌」的。例如:醬油是萬家香的,魷魚羹是阿根廷的、米粉是純米做的等等。其實這樣的堅持並非起於對「名

牌」的崇拜心理，也不是不想節省成本，而是因為這些「名牌」的品質確實勝過其他來路不明的食材，食物是吃在肚子裡的，既然要做生意，就要實實在在對得起良心，因此才會堅持一定給客人用最好的。

　　不僅如此，食材買進來後，老闆還會來個「去蕪存菁」，就拿魷魚羹裡豐富的食材來介紹一下吧。例如菜頭，老闆表示，「台灣菜頭最好吃的季節，就是在12月到3月這個時候」，4到6月份的時候菜頭就很難吃，因此老闆就要一一挑選，通常比較重的表示水分多，皮也要比較細，這樣的菜頭才會好吃。就因為在這樣嚴格的要求下，4到6月份進來的菜頭，常常是一大籃挑到最後，可以用的反而沒多少。竹筍也是，老闆只取最脆的中段部分，頭尾都不用，因為頭部比較硬、尾部比較苦，都不好吃。金針一定要用「曬乾」

的，不能用烘乾的，曬乾的金針才能保留住金針的甜味。大陸香菇好看但不好吃，因此這裡用的一定是台灣香菇。滷肉用的一定是黑豬肉。看來，學問似乎可真不小呢！

》成本控制：

相較於剛做生意時的成本，老闆表示現在的成本其實漲了很多。也就是說，其實做生意的利潤是變薄了。以食材成本而言，大約占了成本的3成，店裡的工作人員有8位，每月薪水2到3萬，總共也占了約3成的費用，還有1成是水電的費用，最後剩下的3成才是做生意的淨利，但這還是因為不需要負擔房租，否則利潤就更薄了。

》口味特色：

這裡魷魚羹一碗的份量看起來不算多，但售價卻是60元，也許第一次來的客人會覺得「小貴」，但是如果你知道這

一碗小小的魷魚羹裡
的食材和佐料加起來
共有21種，或許就會
覺得自己吃到的這碗
魷魚羹可真是不簡單
啊！單是肉眼看得到
的食材就有菜頭、筍
絲、金針、金針菇、
木耳、魷魚羹等，其

他可都通通融在美味的湯汁中。

　　而且別以為魷魚羹都一樣，這裡魷魚羹的魚漿可是由四
種魚肉依不同比例混合而成，因此有豐富的味道。魷魚用的
是阿根廷的魷魚，所以口感脆、口味香，又有彈性，而且不
含膽固醇。純米做成的蒸米粉，吃起來才有自然香Q，而芳
香的黑醋，也不是外面隨便可以買到現成的黑醋，這是經過
四種素材調味而成。只能說每一項看似簡單的食材，都隱藏
了看不見的真功夫，真是不說不知道呢！

　　魷魚羹的原味原本不差，但是建議客人加些黑醋提味，
這裡的黑醋實在非常香，而如果敢吃辣也可適度加辣，因為
這裡的辣椒，「很辣！」

度小月系列 ● 大排長龍篇

money

》客層調查：

　　來店裡用餐的客人，年齡層約在25到70歲之間，其中不少是上班族，有公司行號、銀行，更多的則是慕名遠到的饕客。老闆表示，目前店面的位置只因為離住家較近，店開在這裡只是圖個方便，否則，這裡的人潮其實不多，加上附近又都是做生意的店面，基本上，附近的人要來這裡用餐的機率不大，因此會來店裡大快朵頤的客人多半都是特別前來。客人全省各地通通有，更有從日本來的客人，老闆笑笑的表示「就是美國人比較少啦！」，顯然外國人真是不懂台灣美食的道地品味，為此只能說深表遺憾。

　　如果不相信這裡的生意真是盛況空前，就從對食材的消

耗量了解一下吧，據老闆表示，店裡兩天要用掉60台斤竹筍、菜頭是一天100台斤、金針一天5台斤、木耳一天3台斤、蒜頭一天20台斤、辣椒一天3台斤、香菜一天6台斤、九層塔一天6台斤等，可以認定老闆的生意真的很好了吧！

》未來計畫：

老闆表示做生意不能因為生意好了就開始隨隨便便，對於細節動作和食物的品質，一定得始終如一的講究，對於前來用餐的客人也不能有分別心。可能就是因為這樣的堅持，過去曾有許多人前來店裡希望習得手藝，開設加盟店，甚至連藝人白冰冰也曾表示願意全部投資，老闆只要負責技術就可以分得營利的3成，但是老闆還是拒絕了。老闆擔心的其實是，加盟店一但開放，食物的品質就很難掌控，但到時候別人打的是自己的招牌，結果可能是連總店的生意都會受到不良的影響，因此老闆表示，「絕對不會考慮開放加盟」，甚至表示，對於這樣特殊的手藝，只傳子而不傳女，除非女兒出嫁後日子不好過才會考慮傳授。真是有夠傳統啊！

年輕時過過苦日子的老闆，面對現在每日生意興隆的景象，心滿意足的表示，現在自己做生意其實已經不是為了賺錢，只要家人、子孫能平安快樂過日子就會十分滿意。

度小月系列 ● 大排長龍篇

money

西門町魷魚平

●●● 開業數據大公開 ●●●

項目	數字	備註
創業年數	40年	（前8年是攤販）
坪數	10坪	
租金	3萬元／月	
人手	8人	
平均每日來客數	300人以上	
平均每日營業額	3萬	估計值
平均每月營業額	90萬	估計值
平均每月進貨成本	營業額的3成	
平均每月淨利	約27萬	估計值

●炒米粉／30元（大）；
20元（小）
純米做成的蒸米粉，口
感有著自然的香Q。

●魷魚羹／60元
含有21項食材的魷魚
羹，嚐過就知美味。

路邊攤賺大錢

12

money

●●● 邁向成功第一步 ●●●

》給新手的建議：

　　這裡進的食材都是原料，因此不論菜頭、竹筍、金針菇、黑豬肉、豆芽菜、紅蔥頭、魚肉等，都是買回來在自己清洗、切斷、烹煮。為了這些食材，就要花上兩個人每天6小時的工作時間，這些都是客人在享受美食時感受不到的，就像老闆隔壁的鄰居說的，「老闆的店常常客滿，錢是賺了不少，但其實也是辛苦錢。」因此，想要入行的朋友，可得想清楚，自己有沒有本事賺這種辛苦錢。

作法大公開

●●● 材料 ●●●（3人份的材料份量）

項目	所需份量	價格	備註
魷魚羹	10兩	60元／台斤	
菜頭	適量	20元／台斤	
竹筍	適量	45元／台斤	
木耳	適量	250元／台斤	
金針	適量	600元／台斤	
金針菇	適量	500元／台斤	
九層塔	適量	15元／台斤	
香菇	適量	500元／台斤	
香菜	適量	20元／台斤	

●●● 步驟 ●●●

》前製處理：

1、將菜頭、竹筍、香菜等食材經過篩選、清洗、切段等處理。

西門町魷魚平

2、將香菇、木耳、
金針等食材皆經
過篩選、清洗、
浸泡等處理，浸
泡時間依食材不
同。

3、魷魚泡水12小
時，去掉腥味，
用電扇吹乾、冷
藏。

4、用四種魚肉做成
魚漿。

5、將買回的市售醋
調味。

度小月系列 ● 大排長龍篇

money

》製作步驟：

1、所有食材先一起下鍋熬煮約4小時。

2、魷魚羹從冰箱取出，燙過後，加入湯中。

3、舀起一碗魷魚羹，加上調製好的醋調味。

》獨家撇步：

　　這裡魷魚羹的魚漿，並不是由單一的魚種成，而是包含鯊魚、旗魚等四種魚肉，因此口感特別不同。

在家DIY小技巧

　　基本上只要知道這裡的魷魚羹內含21種美味的秘密，大概就能明白自己是別想在家做出像這裡一樣美味的魷魚羹了，畢竟誰有這閒功夫去準備這麼多項目，更別提製作的技術了。但如果一定要提些建議，當然是找一家可靠的店家，買用好的魚漿做出魷魚羹。雖然不會和店裡由四種魚肉做出的魷魚羹一樣，但至少品質比較可靠，只是湯頭可真的就沒有辦法像店裡這樣有豐富美味了。

饒河街東發號

饒河街裡有三寶，肉羹麵線油飯妙，
厝邊遊客到相報，三代齊力家業保。

美味評價：★★★★★
特色評價：★★★★★
人氣評價：★★★★
地點評價：★★★★
服務評價：★★★★★
便宜評價：★★★★★
名氣評價：★★★★★
衛生評價：★★★★★

INFORMATION

- 老闆：顏東益
- 店齡：1937年始
- 地址：台北市松山區饒河街94號（饒河街夜市）
- 電話：02-27695739
- 營業時間：上午8：30-凌晨1：00（六、日晚上到2:00）
- 公休日：每年除夕夜
- 創業資本：50萬
- 每日營業額：3萬

基隆路一段

饒河街

土地公廟

八德路四段

現場描述

　　已經由第三代開始經營的傳統老店「東發號」，整個店面委身在一旁土地公廟的後方，入口處並不寬廣，卻有著巨大的招牌，明明白白地用照片展示出店裡獨賣的三種傳統美食，麵線、肉羹和油飯，讓人垂涎欲滴。蚵仔大腸麵線料多

money

實在，大腸口感極佳、蚵仔大又鮮，配上紮實的純手工肉羹湯，就能讓人飽餐一頓，不過，可別忘了這裡還有麻油拌炒、香味四溢的油飯，也是老饕不會放過的美食。

店內陳設乾淨整潔，並不因是老店而顯得破舊，這裡的客人從早到晚川流不息，附近居民是最捧場的主顧，遠道而來的觀光客更是絡繹不絕，甚至連日本美食雜誌都曾經前來報導。細究「東發號」生意蒸蒸日上的秘訣，不是口味上的翻新創意，卻是古早味的堅持，以及年輕一代積極推廣的行銷方式。

店主訪談

●●● 心路歷程 ●●●

第三代的顏小姐表示，自己過去也在公司行號當過8、9

年的秘書，之後才回到店裡幫忙負責會計工作，顏小姐的妹妹擁有丙級廚師執照，現在負責店裡對外的宣傳活動，弟弟則主要負責廚房的工作，但事實上每個人對於每項食物的料理方式都很熟悉，可以隨時相互支援。這樣同心協力經營家族企業的景況，坦白說並不多見，因為現在年輕的一輩多半是寧願選擇在漂亮的辦公室當白領階級，也不願意在小店裡辛苦工作。顏小姐表示，她小時候也是好希望店門早早關，因為客人總是一直來，家人都沒有休息的時間，但在上班多年後，遇上近年經濟不景氣，她反而覺得十分感激家裡有這間店，能讓孩子們無後顧之憂，因此現在她總是每天精神奕奕地在店裡招呼客人進門用餐，希望愈多客人來愈好。

為了招攬更多的客人，清楚、明顯、有食物照片的招牌、乾淨的店面，以及牆上媒體報導的展示，都在在讓人

●本店的麵線特色是「不勾欠、純手工」，肉羹料好實在，油飯吃來清爽可口。

察覺到新一代接班人年輕的氣息與作風,但是在食物的品質上,堅持傳統手工製作,卻是這家店6、70年來的堅持,麵線是手工麵線、大腸、蚵仔都要親自處理、肉羹親自搓製、油飯親自拌炒,就是這樣的堅持,即使附近漸漸有賣類似食品的競爭店家出現,「東發號」仍是屹立不搖。

●●● 經營狀況 ●●●

》命名由來:

家裡原本就是做吃的生意,第一代的做的原本是「總鋪師」,專門幫人承辦流水席生意,工作十分辛苦,後來才漸漸轉型成現在的小吃攤形式。店名「東發」並不是取東邊會發的意思,也不是老闆的名字,反而是老闆和親戚的名字中間有個「東」

字，「東」字輩也是家族相傳下來的，之所以選擇「東發」為店名，就是因為這名字聽起來就有「會發」的感覺，如同麻將的「東」、「發」一樣。果然，從業近70年來，小店生意確實是蒸蒸日上，生意大發。

》地點選擇：

店面的所在位置，從開始到現在一直都未曾變更，只經過些小裝修。顏小姐表示，小時後家就住在現在店面所在地，附近原本是個鄉下地方，但隨著時代變遷，附近的環境已經愈來愈嘈雜，並形成著名的饒河街觀光夜市。由於此處環境複雜，已不適居住，因此才將住家遷離，讓生活和生意分開，也讓客人能夠享有更寬敞的用餐空間。目前店面的牆面和地磚全部以大面磁磚鋪設，加上足夠的照明，和開放式作業的廚房，讓人感覺十分乾淨衛生。由於是自家用地，地點又位於饒河街夜市內，人潮不少，因此未來並沒有遷店的打算。好好地、用心地將這家連傳三代的店面繼續經營下去，是大家共同的心願。

》店面租金：

「東發號」的門面看起來不大，主要是因為店面緊鄰著

一間土地公廟，擋掉了大部分的面積，但如果看到招牌，而有興趣走進店內一探究竟，就會發現原來裡面還挺寬敞的，約有16坪大小的面積，由於是祖傳的家產，已經無法考究當初購買的價錢。目前附近店面的租金行情都因為夜市的關係而水漲船高，每家店面平均月租金約8萬以上，「東發號」能省下房租，相對讓經營成本節省不少。

》硬體設備：

做這一行的生財設備，不外乎就是看得到的冰箱、煮食器具。廚房設備也不複雜，就是盛裝食物的大盆子、大桶子、大鍋子，其他就是桌、椅這些必要的設備。這些設備加

起來大概要花到15萬元以上。當然店面的裝潢、照明、耗材等也會有一筆不小的支出。

》食材特色：

生意剛開始的時候都是每天早晨自己到市場選擇食材，如今生意做久了，會選擇一些信譽品質優良的商家配合，每天一早這些配合的商家便會將新鮮的食材送到店裡。在食材上，店裡的腸子一定選擇大腸頭的部位，而且不能太肥，蚵仔一定要大顆，且不能有腥味，顏色也要清澈，這才是合乎標準的食材。

但送來的食材雖然已經過初步挑選，但還是得再經細部處理，像是大腸要再清洗切段，在經過汆燙去味、過冷水；蚵仔要經鹽水清洗3至4次、瀝乾、汆燙，加上太白粉定型、煮

過,最後再泡冷水並放入冰箱保存;肉羹也要親自搓製。這些食材的處理,每天都要從一大早開始,確實花掉不少時間,為此,年輕的店東也曾向父親反應,是不是可以叫切好或處理過的食材,如此就不用這樣辛苦做前製工作,但父親

卻堅持一定要親自料理食材,原因是純手工的製作過程,食物吃起來的口感就是不同。

》成本控制:

由於用量大,購貨的成本可以較市價為低,一般約控制在營業額的2成內。店面因為是自己的,不需要負擔房租,

但由於是自家生意，顏小姐表示，父親給他們的薪水都不低，他們也曾覺得人事成本似乎太高，然而父親希望照顧子女的心意卻十分堅持，而光這部分的成本就占了營業額的大半。

》口味特色：

店裡只賣三種食物，麵線、肉羹和油飯，由於都是十分傳統的食物，食物的主要特色是純手工、不勾芡。客人也非常喜歡這三道傳統美食，一般只是隨個人口味決定加辣或是不加辣。比較特別的是，麵線原本的佐料是大腸和蚵仔，大腸是在煮麵線時就已經加入，蚵仔則是要等到麵線裝碗時再

饒河街東發號

度小月系列 ● 大排長龍篇

money

放入，客人不吃蚵仔可以不放，但有些人卻偏偏喜好麵線搭肉羹，遇到這種特別的客人，店家也會盡量滿足客人的要求。

特別要提的是這裡的辣椒醬和甜辣醬可都是老闆自己調配出來的，辣椒醬裡包含了蒜、薑等佐料，口味特別又新鮮，由於客人的用量不小，老闆說辣椒可是3到4天就要進貨一次。其他店裡所需的食材，還包括香菜、油蔥、肉絲、筍絲、大骨等，一天中光是要張羅店裡的所有食材，就得從早上7點開始忙碌，真是不容易。

除了每天例行性販售的的3樣主要食物，每年只有一次，在端午節前後，店裡會賣起粽子，而且接受預約，這個好消息可不是很多人知道喔！

》客層調查：

　　由於賣的是傳統食物，客人男男女女分布均勻，從老到少都有，尤其集中在30至40歲之間，最常見到的則是全家人一起來用餐的畫面。附近的街坊鄰居也常來這裡用餐，甚至店裡的員工在用餐時間，也都會吃店裡的食物，由此可知，傳統美食就是這樣讓人念念不忘。晚上則因為夜市的緣故，觀光客比較多，不少觀光客是從日本、香港慕名而來，目前店內的牆面上更是掛滿了國內外報章媒體的訪問。

》未來計畫：

　　擔心美食的口味「變質」，「東發號」並沒有打算開放加盟，但卻已有不少過去的員工，自己出去開了店，有的甚至還打著「東發號」的名號，但店家表示老客戶還是吃得出口味差異，「東發號」認為好口味是能經得起考驗的。

　　除了堅持傳統美味，在行銷活動上，年輕的第三代開始提供外送服務，只要消費千元以上，地點不遠都能外送，並開創了彌月油飯的生意，價錢是每公斤85元，同時還設立了「東發號」網站（http://home.kimo.com.tw/tumgf-a2006）。而面對媒體採訪也能有條不紊地說明和協助，相信這些都是讓「東發號」能愈來愈發的原因。

饒河街東發號

●●● 開業數據大公開 ●●●

項目	數字	備註
創業年數	68年	1937年始
坪數	16坪	附近租金行情每月8萬
租金	無	
人手	13人(早晚兩班)	家人、親戚、雇員
平均每日來客數	180人	
平均每日營業額	3萬	
平均每月營業額	90萬	
平均每月進貨成本	約40萬	
平均每月淨利	約10萬	

●蚵仔麵線／45元
大骨熬成的湯底，讓高湯十分爽口鮮美，麵線裡的大腸是和麵線一起煮的，和大部分店家將滷大腸另外加上的口感不同，味道和麵線更能融合。蚵仔又大、又新鮮，且完全沒有腥味。

●肉羹／45元
手工搓製的肉羹，真材實料，有極佳的口感，搭配筍絲吃起來十分爽口。

路邊攤賺大錢

12

money

●●● 邁向成功第一步 ●●●

》給新手的建議：

其實顏家老二和
親戚們都曾經出外開
過分店，但是都沒
有成功。顏家老二
表示那時店面是開
在育達商職附近，
開店之後才發現與學
生的消費習慣不同，
學生早上都吃西式早

●油飯／25元
以麻油拌炒的油飯，香氣四溢，和
常見到的香菇油飯口味不同。

餐，下午放學後則喜歡吃炸
雞之類的速食，麵線雖然好吃，
但卻不適合當地的消費習慣，這也是顏小姐提醒有興趣創業
的人，在選擇創業地點時，千萬要先做市場調查，了解店面
所在地的消費習慣。當然定價、行銷方式等也都十分重要。

此外，店面第一線的服務也是十分重要，有時候就連1
元的環保袋，客戶都會和店家爭執，表示「已經買了這麼

度小月系列 ● 大排長龍篇

money

多，1元還要計較！」遇到這些狀況，可真是得隨機應變，耐心說明呢！做生意嘛，讓客戶滿意就是最重要的。

作法大公開

●●● 材料 ●●● （60人份的材料份量）

項目	所需份量	價格	備註
大骨	3-5副	300元／台斤	
麵線	3-4斤	800元／台斤	
金鉤蝦	一手掌多	375元／15台斤	
大腸頭	3斤	每隻500元	視季節而定（時價）
蚵仔	3斤	150／台斤	視季節而定（時價）
香菜	少許	55元／台斤	視季節而定，曾經漲到每台斤350元

●●● 步驟 ●●●

》前製處理：

1、大骨熬湯作為湯底。

2、將供應商已經清洗過的大
　　腸頭再切段、汆燙去味，冷
　　水浸泡。

3、蚵仔鹽水洗3至4遍，汆燙去味，加
　　太白粉定型、煮熟、冷水浸泡。

4、麵線切成牙籤般大小的長度。

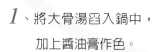

》製作步驟：

1、將大骨湯舀入鍋中，
　　加上醬油膏作色。

度小月系列 ● 大排長龍篇

money

饒河街東發號

2、將金鈎蝦及味精放入鍋中。

3、將大腸頭放入滾水中約10分
　　鐘。

4、將麵線倒入水中，待麵線在
　　水面上呈現球狀浮起時即
　　可。

5、蚵仔要裝碗時再放入。

路邊攤賺大錢

》獨家撇步：

以大骨熬湯，湯底味道自然倍加鮮美。

在家DIY小技巧

只要有好湯頭麵線通常就能有好滋味，在家處理時如果能以豬大骨湯加上雞湯一起當做湯底，味道會很鮮美。麵線如果不是手工製，則千萬不能煮太久，以免過於軟爛。

美味見證

姓名：莊淑娟
年齡：39歲
職業別：醫院行政人員
推薦原因：在這邊換車時一定會特別過來吃，他們的大腸口感很好，湯底很清爽，麻油油飯也很好吃，搭起來十分速配。

曾家麻油雞

家傳口味香第一，招牌麵線麻油雞，
味美公道大家愛，多吃不胖健康齊。

美味評價：★★★★★
特色評價：★★★★
人氣評價：★★★★★
地點評價：★★★★
服務評價：★★★★★
便宜評價：★★★★★
名氣評價：★★★★★
衛生評價：★★★★★

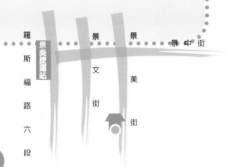

INFORMATION

- 老闆：曾國龍
- 店齡：18年
- 地址：台北市景美街15號對面（景美夜市）
- 電話：0911208205
- 營業時間：16:00-00:00
- 公休日：除夕
- 創業資本：100萬
- 每日營業額：2萬5

羅斯福路六段　景美超賣店　景文街　景美街　景中街

現場描述

　　在大熱天裡，儘管沒有舒適的冷氣設備，這裡的人潮從來沒有停過，就連後來攤位附近有類似的店家出現，生意也未受影響。老闆認為料理受到顧客支持的主要原因，可能是傳統麻油雞和油飯有「媽媽的味道」。通常，吃飯時間的客

曾家麻油雞

人會特別多,有時還來不及煮出來,就已經有一堆客人垂涎欲滴地等著下一鍋,假日時人潮更是洶湧。因此,建議饕客盡量避開人潮擁擠的時段,9點以後應該是最佳時段。但這附近有3家販售麻油雞的小攤,客人必須留心認明招牌景美曾家(第一家口味),才不會走錯。若招牌不好認,就認老闆吧,老闆帶副眼鏡、稍微禿頭,總是笑容可掬,辨識度極高,再不然看看人潮大概也能略知一二,如果還走錯,那真可說是沒有口福啦!

店主訪談

●●● 心路歷程 ●●●

　　目前接手小店生意的是第二代的接班人，曾先生表示，從大學開始自己就已經在店裡幫忙，但總覺得經營小吃生意沒有生活品質，所以非常不想接下生意，或許是這個原因，找到機會自己便跑到俄國唸書、工作，但沒想到，到頭來由於生意終究沒人接班，自己還是得回台繼續家業。

　　曾先生表示，自己的個性是既然已經接了，就打算用心把生意做好，但總是希望幾年之後，能有舉家遷往國外生活的機會，因為照

▲上等香純黑麻油，雞肉嚼感結實不鬆軟，油飯不黏、不油，香味無法擋。

顧攤販幾乎是全年無休，完全沒有家庭生活可言，這並不是自己理想的生活型態。但也沒想到接手小吃攤之後，生意竟不錯，待遇也和過去上班時差不了多少，說來老闆可真是百般無奈呢！

家裡會賣起麻油雞，理由就只是媽媽料理的麻油雞「超好吃」，由於全家都十分愛吃，也常吃，便有了做生意的念頭。老闆表示，當時在台北賣麻油雞麵線，這裡算是第一家，現在雖然大台北已有不少賣麻油雞的店家，但由於自身對品質的堅持和用心，總是能讓老客人不斷回籠，新客人一吃上癮。

當然，既然是做生意，服務態度也十分重要。老闆表示，自己會盡量用心地去記住客人，客人要求加湯再多次也都不用加價，如果有客人吃得不開心，就乾脆不要收錢。老闆表示，一碗麻油雞錢不多，但是招待好顧客最重要，「客

人永遠是對的」在這裡不是口號,而是老闆的工作精神所
在。

●●● 經營狀況 ●●●

》命名由來:

　　小吃店的店名沒什麼大學問,地點在景美,老闆姓曾,
就有了「景美曾家」的
稱號。之所以在後面加
上「第一家口味」,據自
己了解,是在當時,台
北第一攤賣麻油雞的就
是自己家,所以就是第
一家啦!總之,說來說
去也沒有什麼正式的店
名,主要是客人知道、
喜歡這裡的口味最重
要,所以一直沒有想要
取個有號召力的店名。
但是很多饕客就是有辦

度小月系列 ● 大排長龍篇

money

法從很遠的地方找到這裡用餐，美食的誘惑果然不同凡響。

》地點選擇：

原本只是想推廣家傳的美食，沒想到一開賣，生意就源源不絕。現在的店面，就是最初做生意的地方，只是當時景美算是鄉下地方，可沒有現在景美夜市這樣熱鬧。目前，店面並不需要負擔租金，但對於用餐環境，老闆確實也覺得並不理想，特別是在夏天，沒有冷氣，到此用餐的客人數難免減少許多，甚至是下雨天，生意也會受到影響，雖然想要做的事情很多，但短期內可能還是先把份內的事做好才算實際。

》店面租金：

店面租金應該以不超過4萬為原則，如果租金占每月營業額的五分之一以上，就不是賺錢的店面。也就是以每月4萬的租金來看，日營業額要在1萬以上才算是收入及格

的店面，而這個數目需要在3個月內達到，如果沒有達到大概就要準備關門大吉了。人潮當然是越多越好，但不一定要在夜市內，在鬧區周邊即可。禁忌在學校附近開店或擺攤，因為大多數的學生吃不太起麻油雞，只吃油飯或麵線，而且不加肉，因此最佳地點除了夜市附近外，高密度的住宅區也會是不錯的選擇。

》硬體設備：

硬體設備到一般五金行都能購得，不外乎是鍋子、爐子、杓子和一般小吃器材，沒有太大差異，反而應具備一台強有力的冷凍冰箱才是最重要的，這樣才能讓半成品及成品食物能長時間保持新鮮度，這也是硬體設備最貴的品項，目前每台冷凍冰箱的市價約2萬5千元左右。

》食材特色：

雞肉用的是當日現宰的半土雞，嚼感結實不鬆軟，麻油用的是上等香純的黑麻油，這是經多年篩選、試用過品質最好的麻油。這裡的麻油雞口味，是麻油加上老薑快火炒出來的，和別家細火慢墩的製作方式不同，所以口味獨特。油飯的製作功夫更是學問不小，需經過多道繁複的過程，從選米、洗米、泡米，到醬料調製，都得處處用心，這樣煮出的

曾家麻油雞

度小月系列 ● 大排長龍篇

money

油飯才能呈現不黏、不油、顆粒飽滿、色澤動人的樣貌。由於實在太好吃，竟然經常看到客人將碗內不慎掉到桌面上的飯粒再拾起來吃，實在令人感動。

》成本控制：

基本上，所有成本不能超過5成，這些食材每天價格都不一樣，會漲漲跌跌，例如年初一隻雞要350元，到年終才200元，最好每天到中央市場去採購、挑選最新鮮、價格合理的食材。人事成本和房租計算一樣，建議剛開業時，先由自己或是夫妻倆一起做，等到日營業額超過2萬才雇人，「當初我一個人一個晚上就能賣2萬5千元，這樣才會覺得累，但不要因為怕累就請人，基本上日營業額每超過1萬元

可以請一個人，所以你們看一家店請4個人，那這家店一定是日收入達到7萬以上，如果沒有，就是老闆懶惰，這樣自然賺不到錢，因為賺的錢都拿去付房租和員工薪水了。」

》口味特色：

通常，為了照顧每個人的口味，麻油雞的基本味道要老少咸宜，但有些勞工或是原住民會喜歡米酒味重一些的，這時老闆才會把米酒再多加些，以符合個別客人的需求。

這裡的人氣商品一直是麻油雞，由於店裡的麻油雞在料理過程中完全不加鹽，因此吃多了也不會變胖，擔心發胖的絕對可以安心享受美食。而除了招牌的麻油雞、麻油雞麵線和油飯，這裡還賣金針排骨、香菇竹筍雞，讓客人可以有較多元的選擇。此外，又因應有些客人希望來店用餐時能有

些小菜可以搭配，店裡後來也推出燙青菜、沙茶魷魚蒜，讓店裡的菜色又更加豐富。

》客層調查：

由於景美夜市附近有不少學校，因此很多學生、老師都是這裡的客人，但事實上學生的消費不高，因此不是店裡收入的主要來源，反倒是附近居民經常來此用餐，也是店裡消費的主力，當然遠道慕名而來以及前來逛夜市的觀光客也不少。

》未來計畫：

目前並沒有想到要開放加盟，或拓點的打算。老闆認為，不論是現在的小吃攤形式，或是目前的加盟店方式，都已經是落伍的經營模

●美食當前，不怕汗流浹背。

式。如果自己要讓生意做大，自己會選擇和電腦等高科技結合。老闆希望未來如果要做加盟的生意，一定要先建立一個可以控管內部和外部的電腦平台，透過電腦可以控制食材、了解加盟店的營業狀況等，這樣就不需要像目前傳統加盟方式，要靠總店人員去一一巡視每家加盟店的狀況，才可控制每家店的品質，客人也可隨時上網訂購所需要的食物。當然這些想法需要花間提出詳細的企劃案，也需要靠異業合作才能實現，但以自己現在的時間來看，要讀書、小孩又小，店裡的生意一直忙不完，所以短期內，計劃似乎還沒有成形的可能。

●●● 開業數據大公開 ●●●

項目	數字	備註
創業年數	18年	
坪數	15坪	
租金	5萬元	
人手	4人	自己和3位員工
平均每日來客數	400人	
平均每日營業額	2.5萬	
平均每月營業額	70萬	
平均每月進貨成本	約40萬	
平均每月淨利	約30萬	

曾家麻油雞

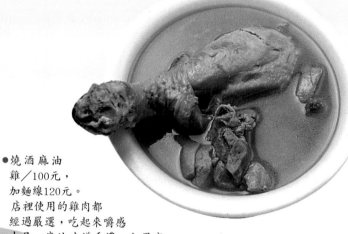

●燒酒麻油
雞／100元，
加麵線120元。
店裡使用的雞肉都
經過嚴選，吃起來嚼感
十足，麻油味道香濃，如果客
人喜歡多點米酒味，老闆也會滿足客戶的口味，濃郁的湯底，總是
讓客人欲罷不能。

路邊攤賺大錢

12

money

●油飯／30元（小）；45元（大）。
油飯是用豬油拌炒，還放入油蔥、肉絲和香菇增加風
味，米粒粒粒口感極佳，傳統風味就是好吃。

●●● 邁向成功第一步 ●●●

》給新手的建議：

　　不做這個行業的人，總會覺得每家小攤販的生意都好到不行，但事實上做生意並沒有想像中容易，若要提供給入行的朋友一些建議，老闆建議首先要些了解店面所在地的人口結構，是上班族多、學生多，還是住宅區，因為不同屬性的客人，消費能力會大不相同。開店前也要留心地點的人潮流量，當然人潮多的地點，租金較高，這時就需要做一個取捨。開店之後，用心的老闆一定要嘗試去記住每位客人，發覺客人多久會來一次，如果很多客人一星期之內都沒有再過來用餐，就應該警覺是不是口味出了問題，必須立即改進。平常與客人接觸時，也盡量以親切的態度和客人聊天，老闆表示這並不是光從生意上著眼，因為客人都有不一樣的工作與專業，有時候自己需要幫忙時，就能從客人那得到許多協助。

曾家麻油雞

度小月系列 ● 大排長龍篇

money

曾家麻油雞

作法大公開

●●● 材料 ●●●（80人份的材料份量）

項目	所需份量	價格	備註
半土雞	10隻	1隻從200到350元 不等依季節	視季節而定 （時價）
麻油	1／2斤	400元	
老薑	1／2斤	40／80元	同上
米酒	4斤40度純米酒	250元	忌用料理米酒

●●● 步驟 ●●●

》前製處理：

1、把食品洗乾淨。

2、將薑片切好。

》製作步驟：

1、倒麻油加熱。

2、將切好的薑
片放入爆
薑、放生
雞肉熱炒5
分鐘。

money

3、加水，大火滾5分
　鐘。

4、倒入整瓶米酒，
　加熱5分鐘就可以
　賣了。

》獨家撇步：

　　東西要吃新鮮，動作要迅速，用心料理就絕對好吃，加上服務熱忱，生意就上門了。

在家DIY小技巧

　　要在家裡料理出好吃的麻油雞其實並不容易，主要是因為家中很少一次煮10隻雞，大鍋煮出來的美味是一般家庭無法比的，很多人現場看老闆烹煮都覺得很簡單，但回家煮出來的就是沒有店裡賣的好吃，因此老闆誠心建議，「如果真的要吃美味的麻油雞還是到店裡來吃比較省事」，老闆驕傲的表示，由於店裡的麻油雞好吃又便宜，因此現在附近的居民已經沒有人在家煮麻油雞了。

●麻油配麵線，一碗就能吃到多重享受，雞肉富於嚼感、麻油湯濃郁，麵線順口，美味指數100分。

陳記專業麵線

地點不佳沒關係，口味絕佳有關係，
大腸蚵仔搭麵線，專業堅持包滿意。

美味評價：★★★★★
特色評價：★★★★
人氣評價：★★★★★
地點評價：★★
服務評價：★★★★★
便宜評價：★★★★
名氣評價：★★★★★
衛生評價：★★★★★

INFORMATION

- 老闆：陳俊宏
- 店齡：12年
- 地址：臺北市和平西路三段166號
- 電話：02-23041979
- 營業時間：6:30-19:30
- 公休日：每月的第二、四個星期日
- 創業資本：20萬
- 每日營業額：5萬

西園路

龍山寺
捷運站

和　　平　　西　　　路

西園路

現場描述

　　走出龍山寺捷運站，沿筆直寬闊的和平東路三段直行，兩旁店面位置緊鄰馬路，沒有市集、沒有住戶和學區，離辦公商圈也都有距離。但有家店面，店外機車、汽車大排長龍，店內更是人滿為患，這正是「陳記專業麵線」的美味誘

money

陳記專業麵線

度小月

●麵線好吃，連藝人陳鴻都多次捧場。

惑，讓客人「聞香下馬」。又見桌上還貼著「內用請排隊」的字樣，可見生意確實了得。

店內只賣「一味」，除了大腸蚵仔麵線，還是大腸蚵仔麵線，標榜「專業麵線」，自然湯頭、食材、做工都不馬虎，實際品嚐立刻感到大腸厚實香甜、蚵仔新鮮味美，麵線香Q不軟爛的綜合、多層次口感，更好的是價錢經濟實惠。只怕客人沒吃過，吃過保證上癮成主顧。

店主訪談

●●● 心路歷程 ●●●

老闆在夜校讀書時，便開始在旅行社當外務，但畢業後卻沒有往旅遊業發展，倒是在因緣際會下，認識了一位親戚

的鄰居，進而習得烹煮麵線的手藝，經過改良後，便做起了麵線生意。剛開業時是推個小餐車在離現在店址不遠路口處旁的站牌附近做生意，心想成本也不過就3萬元左右，不是太高，應該可以試試。前幾年是沒賺到什麼錢，但生意也還過得去，因此在當兵時，便把生意交給家裡繼續照顧，待退伍後再接手。

老闆表示，最初店裡賣的麵線口味雖然不錯，但和現在的口味其實早已完全不同，主要的差別是食材的選用愈來愈好，像是這裡的大腸用的都是肉質厚實的大腸頭，而不是一般的大腸，而且優質食材原本就是美食的最重要關鍵。

面對附近和整個大台北愈來愈多麵線店的競爭，老闆表示只要食物好吃、價格便宜客人就會「呷好道相報」，自己是一點都不擔心同業競爭。看看老闆店面的所在位置，緊鄰橋邊的大馬路旁，還真是很難有過路的行人，加上附近用餐的店面

●食材最好、口味最佳、人氣最旺。

不多,但沒想到,店裡的好生意竟全靠慕名而來的客人捧場。看見一輛輛停靠路邊的汽機車,可想而知是「聞香下馬」,美味果非虛傳。

●●● 經營狀況 ●●●

》命名由來:

老闆姓陳,店面就叫「陳記」,因為只賣麵線,所以招牌上便寫「專業麵線」。在幾年前生意愈來愈好後,原本也曾興起想為店面特別取名的念頭,但是有客人認為不好,總覺得「陳記」這個名字雖然沒有學問,但這麼多年來大家都熟悉了,貿然換了新店名,反而會讓消費者到混淆,可能會讓生意流失,因此最終還是維持了「陳記」這個最初的店名,道道地地的老字號。

》地點選擇:

在店面地點的選擇上,開店時老闆是全完沒有考慮,就

只是在家附近找個地方做生意而已。老闆表示，當初自己在這裡開店時，附近就只有自己這家店，目前這裡算是比較從前熱鬧了。觀察店面所在位置，鄰近橋邊的大馬路，根本不會有客人會停留，因此要做「過路客」的生意幾乎是不可能，加上附近也沒有住宅，都是一般店面，會來這裡吃麵線的似乎不多，而離學校、辦公室也都還有些距離，就如老闆所說，「這裡完全不適合做生意」，但是老闆卻成功了，還名列中國時報網友票選全台北8大麵線之一。

》店面租金：

目前的店面是自己的家，原本是租給別人，後來麵線攤生意愈來愈好後，才收回來開店。店裡的營業面積約10坪左右，若照附近房屋租金行情估計，每月租金大約要3萬元上下，能省下租金自然是減輕不少做生意的壓力。

》硬體設備：

做麵線生意所需的硬體設備並不複雜，多半和

一般做小吃生意的設備相同，不外乎是鍋、碗、桌、椅等。烹煮麵線的餐車，標準化陽春型的約1萬5千元左右，購買時可隨自己做事的需要另外加燈、招牌、櫃子等，這些都須另外計價，而一台儲存食物的冰櫃，目前的要價大約是3萬元左右。全部硬體設備加一加，大約在10萬元左右。

》食材特色：

店裡的大腸，挑選的是肉質厚實的大腸頭部位。老闆表示，目前國內的大腸頭有95%以上是進口的，進口大腸頭的國家主要是美國、東南亞和大陸，店裡選用的是品質和衛生最好的美國大腸頭，當然價錢也就比大陸的大腸頭高出許多，目前美國的大腸頭每台斤，夏天約在90元左右，冬天較貴，約在125元上下，大陸的大腸頭，老闆壓根沒考慮過，據說每台斤市價有時候可到50、60元，兩相比較，食材價格幾乎是一倍以上。蚵仔則是每天早上從東港運送上來的，老闆表示，會選用東港的蚵仔，是因

為東港蚵仔養殖的地點比較接近深海，水質較好，蚵仔比較甜，有些店家的蚵仔會有土味，其實多半和水質不好有關係，更有些店家的蚵仔有腥味，這多半是因為不新鮮。蚵仔有土味、腥味其實和功夫關係不大，蚵仔是否新鮮才是關鍵，蚵仔外觀可由顏色分辨，黑白分明，有透明光澤的就是新鮮的蚵仔，反之顏色混濁不清就不是新鮮。至於麵線，店裡選用的是蒸過的手工紅麵線，手工麵線不但可以久煮不爛，口感也會特別的香Q。

》成本控制：

由於堅持選用最好的食材，店裡的成本結構自然屬食材成本最高，而且幾乎占了營業額的6成以上，其他的水電、瓦斯費用又佔去1成。人事成本方面，小小的店面，除了自己外，還分早晚兩班，總共5-6人，每人每小時工資皆100元起跳，與附近每小時80-90元的工資

相較略高，但由於營業額較高，人事成本可以控制在不超過1成。食材、水電加上成本，光是這幾項成本相加，成本就已經佔去總營業額的7-8成，這和一般小生意3-4成的成本相較，確實顯得不尋常，而這還是沒有負擔房租的情況呢！了解之後還真為老闆對食材的堅持而感動。

》口味特色：

這裡麵線好吃的秘密，除了看得見的優質食材外，最根本的原因其實在於用豬大骨熬煮出來的湯底，這樣的湯底是家傳秘方，即使在過去總店開放加盟的時候，唯一不傳的也就是湯底的製作方式。用大骨熬製而成的湯頭，口感特別香甜，是麵線好吃的真正幕後英雄。

麵線標準的出餐方式自然是，一半大腸、一半蚵仔，但就是有客人只吃大腸，或是只吃蚵仔，據觀察，選擇只吃大腸的客人，比選擇只吃蚵仔的客

人多些。麵線香Q、大腸厚嫩、蚵仔鮮美，原味就已經十分美味，但如果想加些佐料調味，店裡備有蒜泥和辣醬，可隨意調配，不過這裡的辣醬可是一級辣的，客人需酌量使用。

》客層調查：

　　由於店面所在位置不佳，沒什麼市集、住家，離學校、辦公大樓也都還有些距離，沒有過路客、鄰居，「前不著村，後不著店」的麵線店，就得完全仰賴老客人「呷好道相報」。聽說不少客人是專程從淡水、北投或是基隆前來享用，甚至曾有客人是一下飛機就先來店裡吃碗麵線再回家。據老闆表示，藝人陳鴻已經不只一次在他的電台節目中介紹過，如果有觀眾打電話到電台詢問台北哪裡有好吃的麵線，陳鴻也一定推薦這家，據說「遠東集團」的徐旭東，就是陳鴻介紹來的，就連總統夫婦也都曾請人來買過麵

線，許多明星、藝人都是座上客。中國時報網友票選「台北8大蚵仔麵線」，本店更是名列其中。

由於店面不大，滿座數只有15、16位，店裡經常人滿為患，因此店裡7、8成的客人都是外帶，外帶的客人，通常一買就是3、5碗，大排長龍的景象經常可見，加上遠道而來的客人不少，路旁的汽、機車也隨著車主下車買麵線而大排長龍起來，形成有趣的畫面。

》未來計畫：

大約是在四年前，店裡曾經輔導外人加盟，大概2、3年的時間內，就有7、8家的加盟店成立，現在仍在營業的共有4家，但目前已經停止加盟的業務。所以不再經營加盟的業務，老闆表示，主要是自己實在是忙不過來。當時總店和加盟店的合作方式是，加盟主需要先接受1到2星期的訓練，學會如何處理食材和烹煮麵線的技巧，總店負責湯頭的熬製及食材的統一供應，但是在人手和店面面積都有限的情況下，坦白說並不容易照顧得十分周到。

老闆表示，既然開放加盟，自己對加盟主便有一份責任感，如果自己沒有時間去照顧他們，就不應該浮濫開放加盟

業務。目前光是總店的生意，從早上5點多開始處理食材，6點半開市，要到晚上7點半才收攤，工作量其實已接近飽和，因此老闆不認為自己有能力再去經營加盟的業務。對於總店，因為是自己的家，也沒考慮遷移店址，到是如果旁邊的兩店家可以考慮租讓，讓店面大些，也許客人就不用排隊排得那麼辛苦，不過目前看來似乎沒有這樣的機會。

●●● 開業數據大公開 ●●●

項目	數字	備註
創業年數	12年	
坪數	10坪	
租金	無	附近租金行情約3萬元
人手	5-6人	2班制
平均每日來客數	500人	
平均每日營業額	5萬	
平均每月營業額	150萬	
平均每月進貨成本	約佔總營業額的6成	
平均每月淨利	約45萬	

●大腸、蚵仔麵線／55元（大）；45元（小）
久煮不爛的手工紅麵線，配上肉質厚實的大腸頭和新鮮味美的東港蚵仔，美味盡在其中。

陳記專業麵線

路邊攤賺大錢

12

money

●●● 邁向成功第一步 ●●●

》給新手的建議：

　　和其他的店家不同，「陳記專業麵線」的成功，靠的不是地點佳、用餐環境好，或是宣傳妙，單純只因為「專業」。滷大腸頭好吃、蚵仔新鮮、手工紅麵線味道棒，從食材到做工的全面講究，成就出一碗碗最美味的麵線，而這些美味麵線，就成就了今日生意紅不讓的

●10坪大小店面，滿座數僅十五、六位，要吃可要快。

景況。因此，對於想要進入這行打拚的人，老闆只有一句話：「食物一定要好吃又便宜」。老闆表示，過去他在輔導店家時，就常常告訴店家，在開幕期間可以做特價，主要是先讓客人嚐到自己麵線的口味，老闆有自信吃過這裡麵線的客人有90％都會回籠，這就是老闆做生意成功唯一的方法。至於，一般建議新手開店時要注意的店面位置、消費習慣等，老闆倒認為都是次要。

當然，因為是做小吃生意，工作時間長，需要長時間站立，三餐不能定時等，都是必然的情況，想入行的朋友也要考慮到自己的體力是否能接受這樣的生活型態。

作法大公開

●●● 材料 ●●● （1人份的材料份量）

項目	所需份量	價格	備註
大骨	適量	50-60／台斤	
麵線	1兩	32元／台斤	
蝦米	適量	80元／台斤	蝦米和油蔥酥有一比例為0.8比1
油蔥酥	適量	50元／台斤	
大腸	0.8兩	100元／台斤	
蚵仔	1.5兩	125元／台斤（冬）	90元／台斤（夏）
香菜	適量	50元／台斤	時價有時漲價到每台斤300-400元

度小月系列 ● 大排長龍篇

●●● 步驟 ●●●

》前製處理：

1、用魚骨和大骨熬湯。

2、大腸：用水煮30分鐘，泡入冷水、瀝乾；再次去油；滷2至

　　3小時；剪、切斷。

　　蚵仔：洗淨、加太白粉、煮熟。

《 製作步驟：

1、把麵線放入滾水煮約中20分鐘。加入蝦米、油蔥酥。

2、以太白粉勾芡。

3、盛碗，放入大腸、蚵仔、香菜少許。

陳記專業麵線

度小月系列 ● 大排長龍篇

money

陳記專業麵線

》獨家撇步：

麵線勾芡的技巧很重要，如果火候不夠，勾芡不均勻，就會造成勾芡部分和麵線分離的情況，這樣就不好吃了。成功的情況是勾芡和部份麵線會連在一起。

在家DIY小技巧

大腸頭要熬得好吃，量一定要夠多，如果在家買的量不多，即使滷了5-6個小時還是不會爛，建議乾脆買現成的，倒是麵線記得一定要買手工的，雖然價錢比機器做的貴了一倍，但口感真的會比較香Q，也不會煮得糊糊的。

陳記專業麵線

美味見證

姓名：崔小姐

年齡：45歲

職業：主婦

推薦原因：大腸軟嫩好吃、
味道鮮美，值得推薦。

度小月系列 ● 大排長龍篇

money

景美豆花

始終如一，極致造就，
搭配濃薑母湯，美味盡在其中。

美味評價：★★★★
特色評價：★★★
人氣評價：★★★★
地點評價：★★★★★
服務評價：★★★★★
便宜評價：★★★★★
名氣評價：★★★★
衛生評價：★★★★★

INFORMATION

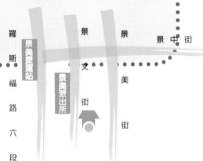

- ● 老闆：柯新鶱
- ● 店齡：5年
- ● 地址：台北市景文街96號對面（景美夜市）
- ● 電話：0926952326
- ● 營業時間：17:30-01:00
- ● 公休日：一般公司行號開工後休5-6天
- ● 創業資本：15萬
- ● 每日營業額：1萬

羅斯福路六段　景美大橋頭站　景美派出所　景文街　景美街　景中街

現場描述

　　怎樣的豆花，值得人們大老遠來到景美只為一嚐美味？看著景美夜市景文街旁，騎樓下不早怎麼起眼的豆花店坐無虛席的景況，不禁有此一問。只要有機會坐下來品嚐，你不會忘掉此處豆花的綿密口感與薑母湯的香濃嗆口。店裡的主

景美
豆花

角只有一味,就是豆花,花生、粉圓、薏仁、紅豆、綠豆都是配角,不過個個都是真材食料,用心製作的成果。不講不相信,老闆做豆花可說是做了一輩子呢,從11歲開始學做豆腐,後來才開始賣豆花,對於怎樣才能做出好吃的豆花,老闆可是信心滿滿,也因此面對景美夜市裡,近10來家的豆花店,老闆可是老神在在,一點都不緊張,還是就只買豆花一味。

店主訪談

●●● 心路歷程 ●●●

老闆老家在雲林,11歲就北上在景美附近學做豆腐,婚

後曾返雲林做豆腐、豆花的生意，但因南部消費力不如台北，生意不好才又回到景美一帶重新開業，當然，還是做自己最拿手的豆花生意。最初是在溪口街一帶設攤，近5年才搬到現在景文街的位置，目前的地點由於位於景美夜市的入口，人潮較多，生意也更好。

●這裡的豆花，是老闆一輩子經驗的累積，所有食物都是當天製作，口感自然不同。

　　雖然台北賣豆花的店從來都沒有少過，但老闆對自己做的豆花就是有信心。老闆說，附近曾經有些冰店，特意將豆花的價錢刻意拉低到15元，企圖一舉殲滅敵手，意思是利用開戰期間靠主要的冰品項目賺錢，豆花不賺沒關係，反正等老闆撐不下去後，市場就是自己的，到時便可以隨自己高興定價。但沒想到老闆在感受到這樣的壓力後，非但沒有降價求售，加入低價戰役，竟然還將豆花價格從原本的每碗25元，調漲到每碗30元。老闆表示，自己的目的就是要區隔市

場，此舉果然奏效，生意竟在價錢調漲後立刻有了起色，當然這樣的戰略可真是「有功夫才敢大聲」，如今客人多的是遠到慕名而來的，可見小小一碗豆花，確實學問不小。

●●● 經營狀況 ●●●

》命名由來

景美捷運景文街出口，右轉沿景文路走到7-eleven，對面景美夜市入口處第一棟建築的騎樓下，掛這一個白底紅字的偌大招牌，上面大大寫著豆花、薑母湯，抬頭上看、低頭下看、左看、右看就是看不到店名，不知道店名究竟是啥？但即便沒有店名，老饕們總是能紛沓而來，畢竟有沒有店名沒關係，好吃才是最重要。

》地點選擇：

上台北做生意後，原本開店的位置是在離此處不遠的西口街附近，後來才搬到現在的位置。此處是景美夜市的入口，人潮比較多，生意自然也比較好。又因為在景文街旁，路過的客人容易發現，吃豆花時可方便把車子停在路邊，如不下車，直接和老闆招呼一聲，外帶也非常方便。做生意食物好吃是重點，但地點的好壞確實對生意也有明顯的助益。

》店面租金：

目前做生意的地方，不是什麼正式的店面，只是在別人的店前租一個騎樓位置做生意，面積到約3坪左右，只有4、5張桌子供客人使用，但因客人食用豆花的時間不會太久，座位的輪轉率還算高，加上外帶的客人不少，因此店面還算夠用，目前這裡的每月租金約1萬5千元，是一般行情。

》硬體設備：

做豆花的設備不複雜，冰箱、冰桶、製冰機、桌子、椅子、碗、湯匙，在五金店就可以買到，而且價錢也都不貴，例如一台挫冰機不過5千元，有時候也可以買二手的。桌、

景美豆花

椅等設備，主要是服務客人，有品質好的也有差的，以塑膠椅為例，老闆表示，有些品質差的塑膠椅一坐下去軟軟的、會搖晃，雖然價格便宜，但他不會買，畢竟讓客人坐得舒服和安全是很重要的。

》食材特色：

這裡的食材強調全部都是台灣貨，可以說是「愛台灣」，因為台灣的食材又好又新鮮，不用台灣貨要用什麼。以花生為例，選的是宜蘭、雲林等地的花生，老闆說，這些產地的花生口感比較Q；市面上薏仁的品種很多，這裡選擇品質較好的糯米薏仁，口感就是不同；綠豆、紅豆也都是屏

東一帶的產品。食材新鮮品質佳，都是每天現做，所有食品堅持當天賣完，不賣隔夜，因此有時候會賣很晚才收市。老闆表示，「隔夜的食材口感一定不同」。

此外，老闆對豆花口味的堅持也十分有意思，和別家為了方便相較，不論熱豆花或冰豆花，各是分開的一桶。熱豆花用的就是熱豆花，並不是冰豆花加熱湯汁，同樣的，冰豆花一定是冰豆花加上冰糖水，而不是熱豆花加上冰糖水。老闆表示，「把冷熱混在一起，是不對的。」對口味的講究如此極致，老闆的用心，相信客人一定能了解。

》成本控制：

老闆表示，做生意最重要的就是實實在在。長久以來，已經有固定配合的進貨廠商，彼此了解對方品質的要求，這樣也能讓食材的品質比較穩定。目前合理的進價，花生每台斤約70元，糯米薏仁每台斤約35元，紅豆每台斤60元，綠豆每台斤25元，但也依季節因素而有漲跌。老闆表示，開店賣東西，定價絕不能隨食材的價格而忽高忽低，需要維持一個平均價格，成本高的時候少賺一點，成本低時就多賺一些，畢竟成本在合理範圍內的時間還是比較多，因此長久來還是能有一定的利潤，千萬不能因為食材漲了就不做生意，這樣客人可能就不會再來了。

同樣的食材也有品質好的和品質差的,高品質的當然貴一點,但是做吃的生意最重要的就是食材,食材好不好客人一吃就知道,也正是這個原因,在價錢上,無論如何,老闆絕對不會去和其他店家拚低價,因為他的食材成本就是比別人高,再降價就沒有利潤了。對於這點,講究品質的客人都能了解。

》口味特色:

做豆花和做豆腐,前製的功夫其實是一模一樣的,都是先將黃豆浸泡在水中,然後研磨成豆漿,再將豆渣濾掉。若是要做豆腐、豆乾,此時要放入石膏,使豆漿凝結,並讓水

流出。但若是要做豆花，則是要放入地瓜粉來凝結豆漿，此時地瓜粉如果放得少，豆花就容易爛，做出來會沒有辦法舀出完整、漂亮的整片豆花，放多了則口感太粗。老闆特別提醒，整個製作過程中特別要注意的是不能讓凝結的豆花出水，因為出水後的豆花就不會有細緻的口感，地瓜粉份量的拿捏正是豆花好吃的關鍵所在。但這可不是一兩天可以學來的功夫，從11歲到現在，老闆可說是花了一輩子才學得今天的好功夫呢！

店裡豆花的配料只有五種，花生、粉圓、薏仁、紅豆、綠豆，每種配料從選材到製作可說是處處用心。以花生來說，製作過程絕對不加任何人工添加物，因此不會過分的軟爛。粉圓好吃則要隨每批貨的品質和當天天氣的冷暖，在烹

煮時間上做出控制，烹煮時間太久會太軟、烹煮時間太短又怕煮不透，其中的拿捏還是得靠多年經驗，不是隨便一個標準時間就能控制好的。紅豆、綠豆要先煮個5到10分鐘，再燜熟，糖要最後加，這樣才不會煮不熟，而且不會有苦味。每樣配料均製作用心，所以各有死忠客戶群，來店的客人可以隨個人喜好，任意搭配。每碗選擇兩樣以內的配料不加價，超過2樣則每樣加5元，可以選擇吃冰的，也可以選擇吃熱的，若是要加薑母汁，則要多加5元，多元搭配讓單純美味的豆花，也能變化出不同的風味。

再說到湯汁，這裡的薑母湯底值得推薦給愛吃傳統薑湯原汁豆花的朋友，由於是薑母熬成的濃湯，吃起來分外香濃還有些嗆口，趁熱喝下，立即有趨寒顧胃的效應，讓身體整個暖和起來，微微留汗後更覺通體舒暢。

》客層調查：

由於豆花是大家都喜歡吃的傳統甜品，因此客人在年齡和性別上並沒有特別的集中現象。但也許是功夫到家，不少客人可都是慕名前來，有的還特別開車前來，並主動向老闆表示，他的豆花和別家就是不一樣，所以願意大老遠跑來為的就只是吃一碗豆花。此外，受學區的影響，附近的世新大學、台灣大學、台灣科技大學的學生們都會過來吃豆花，周圍公司行號的上班族也經常過來，一次外帶就是好幾份。以目前的生意狀況來看，有以五、六、日的生意最好。老闆表示，不說整個台北市，光是整個景美夜市賣豆花的就有近10家，想要在競爭激烈的市場中吸引客人，只得靠真功夫。

》未來計畫：

目前家裡的兩個兒子，二兒子有穩定的職業，接豆花生意的可能性不大。大兒子目前已經在幫忙家裡的生意，未來如果成家後有意願接，會把技術傳給而兒子，但如果兒子不願意接，就可能考慮開放加盟。

在販售的食物上，雖然面對夜市內眾多的競爭者，老闆表示自己還是堅持只賣豆花，畢竟一輩子最拿手的就是這

項。開發多元的產品,如兼著賣冰、賣甜品,固然也可能吸引其他客群,讓客人數增加,但老闆表示做事就是要專一,只要把一項做好就好,做太多樣的結果可能是連一樣拿手的都沒有,到頭來賺的錢可能還是和單純做豆花差不多,這樣等於多麻煩,因此並不會考慮多元商品的經營方式。

●●● 開業數據大公開 ●●●

項目	數字	備註
創業年數	5年	現址
坪數	3坪	
租金	1.5元	
人手	2-3人	包括自己
平均每日來客數	150人以上	
平均每日營業額	1萬	
平均每月營業額	30萬	
平均每月進貨成本	約5成	
平均每月淨利	約5-6萬	

● 紅豆或綠豆加薏仁豆花/30元
紅豆或綠豆加薏仁,是客人最喜歡的搭配方式。薏仁選的是品質較好的糯米薏仁,價錢雖然貴一點,但是口感不同。綠豆則是選用屏東的綠豆,用料堅持,加上老闆多年經驗,才能成就一碗美味的豆花。

●花生薑汁豆花／35
以花生來說，用的是吃
起來比較Q的台灣花生。
在煮的方式上，堅持不
加任何添加物，以免太
過軟爛。能維持軟硬適
中的好口感，再搭配嗆
辣薑汁，口味沒話說。

●●● 邁向成功第一步 ●●●

》給新手的建議：

　　勤勞是做生意的不二法門，每天工作時間幾乎超過12小
時。早上沒開市前就要開始準備處理食材，晚上1、2點收工
後，光是清掃店面也要2小時，回家後休息一下吃點宵夜，
經常已經是早上4點。很多外行人，總覺得做小生意好像很
賺錢，事實上，賺的真是辛苦錢，想要入行的人一定要考慮
清楚。

　　關於加盟，打從開店以來就有人不斷前來詢問加盟的事
宜，希望能學到老闆製作好吃豆花的秘密，但老闆到現在都

沒有開放加盟的意思。主要考量自己還在做生意，如果之後不想再辛苦做生意，兒子們又無承接的意願，那時候才會考慮開放加盟，否則自己也還在做生意，開放加盟等

●招牌簡單、陳設簡單、設備簡單、人力也簡單，只有豆花不簡單。

於是自己打自己，老闆不認為這是一個好方法。

作法大公開

●●● 材料 ●●●（1人份的材料份量）

項目	所需份量	價格	備註
黃豆	保密	7元／台斤	
花生	1兩	70元／台斤	
老薑	少許	60元／台斤	
二砂	少許	800元／50公斤	

景美豆花

度小月系列 ● 大排長龍篇

●●● 步驟 ●●●

》前製處理：

1、黃豆泡水後，磨成豆
漿，將豆渣濾淨，加入
適量地瓜粉。

money

2、花生熬煮約兩個小時。

》製作步驟：

1、將豆花舀入碗中，將
熟透卻不軟爛的花
生放入。

2、加上薑母湯
　　即可。

》獨家撇步：

　　黃豆泡水的時間，隨氣溫略有不同，夏天較短，冬天較長。下地瓜粉的份量更是製作豆花的重點所在。

在家DIY小技巧

　　若對豆花的口感不太挑剔，目前超市有不少現成的桶裝豆花可買回食用，食用時有個小技巧，就是一定要把糖水煮到沒有糖味，通常要煮１個多小時，這樣的糖水才不會傷胃喔！

南勢角珍珠奶茶

珍珠奶茶風味棒，茶鮮奶濃名聲響，
粉圓香Q有嚼勁，杯杯現調滋味佳。

美味評價：★★★★
特色評價：★★★
人氣評價：★★★★
地點評價：★★★★
服務評價：★★★★★
便宜評價：★★★★★
名氣評價：★★★★
衛生評價：★★★★★

INFORMATION

- 老闆：胡明壽
- 店齡：15年
- 地址：台北縣中和市景新街410巷3號（景興夜市）
- 電話：02-29417099
- 營業時間：15:30-01:00
- 公休日：除夕、颱風天
- 創業資本：30萬
- 每日營業額：1萬

景新街

景段一

興南路

新

南勢角捷運站

珍奶

街

信

義

街

度小月系列 ● 大排長龍篇

現場描述

　　入夜之後，興南夜市的燈火漸漸亮起，夜市裡的人潮也愈來愈多。位居景新街口夜市排樓附近的「南勢角珍珠奶茶」店，門外排隊的客人愈來愈多。這裡的珍珠奶茶出名在於杯杯現調，因此客戶可以隨口味調整糖的甜味，而且不用擔心

南勢角珍珠奶茶

自己喝的奶茶不知是否已經放了許久。珍珠奶茶十分出名，目前如果賣出10樣產品，就會有8杯是珍珠奶茶，由此可見這裡的珍珠奶茶真不是蓋的，據說，有些客人可是非這裡的珍珠奶茶不喝。此外，夏天的冰砂也是每天現做，冬天的仙草凍更是人人喜愛，因為是以新鮮和品質取勝，老主顧就占了店裡生意的7成，他們保證了生意的長長久久。

店主訪談

●●● 心路歷程 ●●●

小時候家裡務農維生，18歲之後，開始做裝潢生意。15年前在一個機緣下，與台中的一位朋友接觸到當時正要起步的珍珠奶茶生意，朋友認為老闆本身的家在夜市裡，地段

相當不錯，應該很適合做珍珠奶茶的生意，於是便鼓勵老闆轉行做珍珠奶茶。老闆最初花了一個多月學習如何製作珍珠奶茶，但這樣還是不夠，必須得靠自己慢慢摸索、判斷、改變，才能成就出今日受歡迎的口味。

目前老闆的朋友仍在中和大廟口附近做生意，但是那邊整個區域已經沒落，也沒有興南夜市裡這家店來得生意興隆。但老闆表示，剛開始自己的生意也不是太好，這幾年能把生意做起來，靠的主要是不斷的努力，別人在休息，自己還是在工作；別人都選擇用便宜的食材或製作方式，以降低成本，自己卻曾不考慮這樣的做法，相信只要實實在在做生意，生意自然能做的長久。

●●● 經營狀況 ●●●

》命名由來：

剛賣珍珠奶茶沒多久，附近便有愈來愈多做類似生意的店家出現。曾

●杯杯現調的珍珠奶茶，茶香、奶濃、粉圓Q。

有客人反應說，有時候叫小朋友來買，小朋友不知道是哪家珍珠奶茶，時常買錯，口味一喝就知道不同。也有些客人介紹朋友過來，但一到了南勢角還是不容易知道到底是哪一家，為了讓客人容易分辨出差異，老闆決定起一個名號。由於位在南勢

角，店裡又屬珍珠奶茶最受客人歡迎，便有了「南勢角珍珠奶茶」的稱號。不僅如此，老闆還捨棄過去大家用「公杯」的習慣，特別訂製印有自己店名的杯子，而且材質特別選擇能耐熱的PP杯，雖然成本要比一般公杯貴上個0.3-0.4毛，但是老闆認為這樣的宣傳成本是應該要花的，而且現在看來也確實有先見之名，到南勢角就要喝「南勢角珍珠奶茶」，這名號果然響亮。

》地點選擇：

現在的店面就是老闆自己的家，當初就是因為朋友覺得店的位置在夜市內，應該適合做生意，才會把剛接觸到的珍

珠奶茶生意推薦給老闆。生意剛開始時，大概是連鎖外賣飲料店和珍珠奶茶店快要興起之前，所以老闆進入飲料市場算是比較早的。但如今，光是整個興南夜市，就有好多家都賣珍珠奶茶，競爭非常激烈，不過由於是實實在在做生意，生意才能穩定成長。

》店面租金：

目前的營業面積主要在騎樓，冰櫃和冰箱則放在一樓的大廳裡。如果只計算騎樓的面積，大約3坪大的空間，以附近的行情看來，每個月大約2萬左右，雖然相較其他夜市算是便宜的，但相對的整個興南夜市而言，人潮的流量較捷運開通前，已經少了很多。現在夜市做的多半是熟人的生意，流動客人不多，因為大家坐捷運都去外地消費了，南勢角是捷運的終站，而非轉運站，外地人又不會特地過來，自然人潮大受影響。

》硬體設備：

做這行生意所需要的設備主要大概就是冰櫃，店裡前後共買了4台，此外還以製冰機、冰砂機、果汁機、搖搖機、逆滲透過濾器、封口機最貴。老闆特別提醒，由於冰砂機一台的費用就大約要30萬，更多的費用是出在冰沙機的用電量

南勢角珍珠奶茶

度小月系列 ● 大排長龍篇

money

南勢角珍珠奶茶

路邊攤賺大錢

大，不能使用一般220v的電量，需要特別申請，並加裝特殊的供電設備，這些費用又要花上10到20萬。而在搖搖機上，過去曾風行一時的娃娃搖搖機，每台1萬多，但故障率十分高，店裡前前後後就用了10多台，非常不划算，最後才找到了目前在使用的搖搖機，一次可以搖2杯，而且故障率不高，雖然1台要1萬5千元左右，但是還是比較划算。至於，每家飲料店必備的封口機，要價反而是在2至3萬之間。老闆表示，店裡的很多硬體設備，都是慢慢添購而來，因此即便是同樣的東西，賣價也都會因採購的時間而有差別，只能說，如果現在有人要開一家和目前規模相同的店，可能要花上100萬元。從外表看這家並不提供內用座位的小店，外行人很難想像，成本竟然需要高達100萬。

》食材特色：

做生意沒有特別的訣竅，堅持好的食材是成功的不二法

門。店裡所用的原料通常比同行高出不少，就以茶葉來說，坊間每台斤在70-80元，所以700c.c.可以只賣10到20元，店裡用的茶葉卻是每台斤200-300元左右，因為成本高，將本求利，所以絕不可能降價求售。奶精，也選用頗具知名度的三花奶精，每包23.5公斤，售價1850元，和一般業界25公斤裝，售價1000多元的奶精在品質上並不相同，而且據來訪的原料供應商表示，老闆店裡奶茶所放的奶精，用量比一般早餐店的奶茶多出不少，難怪喝起來特別香濃，但老闆自己倒是不知道情況是否真如此，只堅持用自己認為對的方式，一遍又一遍的把自己的產品一杯一杯的調勻、賣出。

除了選用好的食材，由於要求所有食物都是當天現做，不留隔夜，因此對食材份量的拿捏就要靠長年的經驗精確計算。以粉圓而言，平日每天都要煮上2-3鍋，遇到週末假日則要煮5鍋左右，其實最重要的是晚上客人漸漸稀少後，對最後一鍋量的估計，如果估算準確是不會有賣不完的情況發生。但若真的發生，店裡也絕對不會在隔天拿出來賣，多半是自己吃完或是送給附近的店家、朋友。

》成本控制：

　　食材成本當然是做生意的最主要成本，因此生意做久了，也會有很多原料商主動拜訪，表示自己的原料成本較低，可以幫老闆降低原料成本，但對於這些建議老闆幾乎沒有採納過。主要是老闆認為一分錢一分貨，來路不明或是太便宜的原料，都不會隨便採用，因此光是食材成本就佔掉營業額的4成。

》口味特色：

　　光看這裡的產品項目，不免會有些令人眼花撩亂，因為選擇實在太多元。但經老闆說明，主要產品分為果汁類、奶茶類、茶類、調酒類、冰砂類、椰果類和特調類，其他項目都是加上不同的調味或是佐料，而延伸出的不同品項。以奶茶為例，以奶茶為底的飲料，就有珍珠奶茶、金香奶茶、茉

●煮粉圓時使用的是果糖，而非煮一般的黑糖，因此濃郁的茶香不會讓黑糖蓋過。

香奶茶、草莓奶茶、百香奶茶、蜂蜜奶茶、花生奶茶等近20種口味。當然其中的人氣商品自然是珍珠奶茶，據說每賣出10杯就有8杯是珍珠奶茶，可見這裡的珍珠奶茶何其受到消費者的歡迎。這裡的珍珠奶茶，除了珍珠香Q，由於煮粉圓時使用的是果糖，而非煮一般的黑糖，因此濃郁的茶香不會讓黑糖蓋過，是真正可以讓客人同時享受到奶茶和珍珠兩種美味的珍珠奶茶。

除了這些，夏天裡，冰沙自然是最受到歡迎的品項，和連鎖的飲料店不同，這裡的每杯冰沙都是當天製作，只有吃過的人才能比較出連鎖店一桶吃很久的冰沙，和每天製作的冰沙之間的差別。老闆表示，就像我們喝牛奶和喝茶一樣，隔夜的牛奶和茶，口味是絕對不會相同的。冬天裡則屬溫熱的燒仙草最受歡迎。而除了這些，店裡還有新鮮果汁推出，分別是西瓜汁、木瓜汁、檸檬汁、金桔檸檬汁，讓不愛喝茶的健康人士，也可以享受到自然新鮮的好果汁，而且售價在20-40元間，似乎比坊間的果汁店售價便宜不少。

至於，個別客人的口味上，目前最常見的就是要求不加糖、少糖或是不加冰、少冰等要求，還有些怕胖的女士，也

會要求少加些奶精，除此之外，店裡的一般口味，客人多半
能接受。當然也有客人，會要求將兩種口味加在一起，老闆
表示人不多時，他都會依客人的要求做到，但有時客人實在
太多，面對這樣的要求還真是花時間呢！

》客層調查：

　　曾有客人告訴老闆，他原本認為這些飲料都是小孩子在
喝的玩意，自己從來沒有想要買，但有幾次小孩子放學買回
家喝，自己長了一下味道，實在不錯，之後竟然成了這裡的
常客。更有意思的是，有一回附近同樣也是賣飲料的一家飲
料連鎖店員工，竟然也跑到店裡來買珍珠奶茶。老闆表示，
整個南勢角屬軍公教人
員最多，通常下午5點
到10點半的時間，因
為下班、放學的緣故，
是生意的高峰期，很多
客人都是老主顧，回家
的路上就會帶上幾杯。
來店的客人，也很少是
只買1杯的，經常都是
每幾10杯，帶回家或

是與同學一起享用，特別是星期五、六的晚上這樣的客人又更多。有些客人甚至表示，他只吃老闆家的粉圓，其他都吃不習慣。面對這些將近7成以上的老主顧，老闆表示沒事都不敢隨便休息，怕客人買不到。

●店面不大，賣的東西可不少，珍珠奶茶屬第一，冬天燒仙草也大受歡迎。

除了來店的客人還有不少團體機關要一同團購，但由於人手實在不足，通常老闆只在營業時間做生意，較少接受預購的生意。

》未來計畫：

店裡目前就是兩夫妻在照顧，這樣的人力以目前的生意狀況來看已經是忙不過來。雖然開店以後，一直有很多人主動拜訪，想要學習老闆的技術，但是老闆不同意，主要還是擔心口味會隨著加盟店的增加而改變，但目前自己想要開分店又不太可能，因此短期內還是把此處生意經營好才是最實在的計劃。

南勢角珍珠奶茶

度小月系列 ● 大排長龍篇

money

南勢角珍珠奶茶

●●● 開業數據大公開 ●●●

項目	數字	備註
創業年數	15年	現址
坪數	3坪	騎樓部分
租金	無	附近租金行情約2萬
人手	2人	夫妻自己做
平均每日來客數	250人以上	
平均每日營業額	1萬	最多3萬
平均每月營業額	40-50萬	
平均每月進貨成本	約4成	
平均每月淨利	約20-25萬	未扣除夫婦的薪水

●珍珠奶茶／25元
　茶味香醇、奶味香濃、珍珠QQ，同時可享受三種滋味，才是最正點的珍珠奶茶。
●綠豆冰沙／20元、花生冰沙／25元
　冰沙每天現做，和飲料連料店一桶賣好久的冰沙口味就是不相同，一嚐便知。
●百香冰沙／20元
　這是夏日裡小孩最喜歡的冰沙口味。

●●● 邁向成功第一步 ●●●

》給新手的建議：

　　「刻苦耐勞」是老闆給想創業的年輕人最直接的建議，經濟不景氣，很多人都以為小吃店似乎最容易賺錢，但事實上並不是如此。記得剛開店時，因為沒人知道，生意也是不很好，得每天勤奮工作，堅持對食物品質，在客人一傳十、十傳百的推薦下，生意才愈來愈好。老闆說，很

●珍珠奶茶杯杯現調，客人一買就是幾10杯，要吃新鮮，只能耐心等待囉。

多人做生意，一有事就關門，這是大忌，只要客人來了一兩次都買不到，客源就會流失，因此，別人休息，自己從不敢懈怠，就是這樣的堅持與努力，生意才能一直持續到現在。此外，在開店之前，食材的準備工作其實很花時間，每項冰沙的製作就要5到6小時，珍珠則要煮個一兩個小時，這些都是外人看不到的。做小吃生意，工時其實是非常長的。

作法大公開

●●● 材料 ●●●（1人份的材料份量）

項目	所需份量	價格	備註
茶葉	適量	200—300元／台斤	
珍珠	約10兩	150元／5台斤	
奶精	適量	1850元／23.5公斤	
果糖	適量	500元／25公斤	

●●● 步驟 ●●●

》前製處理：

1、下鍋煮粉圓，時間依天候及經驗決定。

2、接著熄火燜熟，再浸泡於冷水中，使粉圓Q度更佳。

3、茶葉先過冷水清洗一下，再放入熱水裡沖泡。

》製作步驟：

1、在調杯中加入適量冰塊。

2、再加入果糖、奶精粉。

3、加入泡好的茶水。

4、放上搖搖機搖晃一會即可。

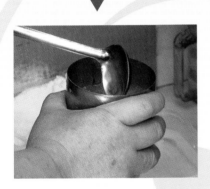

南勢角珍珠奶茶

度小月系列 ● 大排長龍篇

money

南勢角珍珠奶茶

路邊攤賺大錢

12

money

》獨家撇步：

珍珠要好吃，煮的時間和火候是關鍵所在。雖然每家原料供應商都會教導店家煮粉圓的方式和技巧，但老闆其實不會照著

做，而會依照自身的經驗來判斷。因為每批粉圓的品質、烹煮的天氣都不相同，因此不可能有所謂的標準烹煮時間，這些完全憑經驗。

在家DIY小技巧

若是在家製作珍珠奶茶，珍珠可買現成的。茶水的差異不大，讓奶茶好喝的訣竅其實在奶精上。

南勢角珍珠奶茶

美味見證

姓名：陳小姐

年齡：40歲

職業：週邊商家老闆娘

推薦原因：奶茶香濃，粉圓Q
軟，別家的喝不慣，這家才是最
愛。

度小月系列 ● 大排長龍篇

money

『中餐烹調丙級技術士』執照考照事宜

北部

行政院勞工委員會職業訓練局
地址：台北市延平北路二段83號
電話：（02）58902567
網址：www.evta.gov.tw

台北市政府勞工局
職業訓練中心
地址：台北市士林區111士東路301號
電話：（02）28721940
網址：www.tvtc.gov.tw

行政院勞工委員會職業訓練局
北區職業訓練中心
地址：台北縣五股鄉五權路17號7樓
　　　（五股工業區內）
電話：（02）89903608
基隆訓練場
地址：基隆市和平島平一路21號之5
網址：www.nvc.gov.tw

行政院勞工委員會職業訓練局
泰山職業訓練中心
地址：台北縣泰山鄉貴子村致遠新村
　　　55之1號
電話：（02）29018274～6
網址：www.tsvtc.gov.tw

行政院勞工委員會職業訓練局
桃園職業訓練中心
地址：326桃園縣楊梅鎮秀才路851號
電話：（03）4855368轉301
網址：www.tyvtc.gov.tw

行政院青年輔導委員會
青年職業訓練中心
地址：桃園縣楊梅鎮幼獅路二段3號
電話：（03）4641162
網址：www.yvtc.gov.tw

行政院國軍退除役官兵輔導委員會
訓練中心
地址：桃園市成功路三段78號
電話：（03）3321224
網址：www.vtc.gov.tw

財團法人中華文化社會福利事業基金會
附設職業訓練中心
地址：台北市基隆路一段35巷7弄1
　　　─4號
電話：（02）27697260~6
網址：www.cvtc.org.tw

中部

行政院勞工委員會職業訓練局
中區職業訓練中心
地址：台中市工業區一路100號
電話：（04）23592181
網址：www.cvtc.gov.tw

南部

行政院勞工委員會職業訓練局
南區職業訓練中心
地址：高雄市前鎮區凱旋四路105號
電話：（07）8210171
網址：www.svtc.gov.tw

行政院勞工委員會職業訓練局
台南職業訓練中心
地址：720台南縣官田鄉官田工業區
　　　工業路40號
電話：（06）6985945
網址：www.tpgst.gov.tw

高雄市政府勞工局
訓練就業中心
地址：高雄市小港區大業南路58號
電話：（07）8714256~7
網址：http://labor.kcg.gov.tw/taec/

東部

財團法人東區職業訓練中心
地址：台東市中興路四段351巷 655號
電話：（089）380232~5
網址：www.vtce.org.tw

『中餐烹調丙級技術士』
應檢人員標準服裝

★帽子需將頭髮及髮根完全包住，不可露出。
★領可為小立領、國民領、襯衫領亦可無領。
★袖可長袖亦可短袖。
★著長褲。
★圍裙裙長及膝。
★上衣及圍裙均為白色。

全省魚肉蔬果批發市場

北部

基隆

◎基隆市信義市場

地址：基隆市信二路204號
電話：（02）24271701

台北

◎第一果菜批發市場

地址：台北市萬大路533號
電話：（02）23077130

◎第二果菜批發市場

地址：台北市民族東路336號
電話：（02）25162519

◎第一家禽批發市場

地址：台北市環河南路二段247號
電話：（02）23051700

◎台北市魚類批發市場

地址：台北市萬大路531號
電話：（02）23033117

◎三重市果菜市場

地址：台北縣三重市中正北路
　　　111號
電話：（02）29899201、
　　　　29713580

◎三重市示範魚市場

地址：台北縣三重市中正北路
　　　111號
電話：（02）29899201、
　　　　29713580

◎台北縣肉品市場

地址：台北縣樹林市俊安街43號
電話：（02）26892861

桃園

◎桃園縣果菜市場

地址：桃園市中正路403號
電話：（03）3386436

◎桃園縣肉品市場

地址：桃園縣蘆竹鄉外社村9鄰
　　　98號之11
電話：（03）3242221

◎桃農綜合農產品批發市場

地址：桃園縣蘆竹鄉龍壽街一段
　　　18巷10號2樓

電話：（03）3792605

新竹

◎新竹縣果菜市場

地址：新竹縣芎林鄉上山村10鄰
　　　98號之1

電話：（03）5924194

◎新竹肉品市場

地址：新竹縣竹北市中正西路
　　　2077號

電話：（03）5563611

苗栗

◎苗栗肉品市場

地址：苗栗縣後龍鎮新東路46號
　　　之1

電話：（037）731589

◎苗栗魚市場

地址：苗栗市至公路602號

電話：（037）320252

中部

台中

◎台中市果菜市場

地址：台中市中清路180-40號

電話：（04）24262811

◎台中市肉品市場

地址：台中市北興進路1號

電話：（04）22366698、
　　　　　　22335093

◎台中市魚市場

地址：台中市南屯區南屯路三段
　　　39號

電話：（04）23811737

◎台中縣果菜市場

地址：台中縣新社鄉協中街45號

電話：（04）25810827

全省魚肉蔬果批發市場

彰化

◎彰化縣溪湖果菜市場

地址：彰化縣溪湖鎮長青街22號

電話：（04）8853421

◎彰化縣溪湖肉品市場

地址：彰化縣溪湖鎮河東里濱河
　　　街76號

電話：（04）8856161~3

雲林

◎雲林縣西螺果菜市場

地址：雲林縣西螺鎮新豐里205-
　　　100號

電話：（05）5868949

◎雲林縣斗南果菜市場

地址：雲林縣斗南鎮明昌里中興
　　　街5號

電話：（05）5972327

南部

嘉義

◎嘉義市果菜市場

地址：嘉義市博愛路1段111號

電話：（05）2764507

◎嘉義市魚市場

地址：嘉義市博愛路一段109號

電話：（05）2772077

◎嘉義市肉品市場

地址：嘉義市文化路1091號

電話：（05）2310157

台南

◎台南市綜合農產品批發
　市場

地址：台南市怡安路二段102號

電話：（06）2556701

◎台南縣果菜市場

地址：台南縣關廟鄉中正路560號

電話：（06）5960389

高雄

◎ 高雄市果菜市場

地址：高雄市三民區民族一路100號

電話：（07）3823530

◎ 高雄市肉品市場

地址：高雄市三民區民族一路560號

電話：（07）3822206

◎ 高雄縣鳳山市果菜市場

地址：高雄縣鳳山五甲一路451號

電話：（07）7653525

屏東

◎ 屏東市果菜市場

地址：屏東市和生路2段221號

電話：（08）7520781

東部

宜蘭

◎ 宜蘭縣果菜運銷合作社

地址：宜蘭市校舍路116號

電話：（03）9384626

◎ 宜蘭縣肉品市場

地址：宜蘭縣五結鄉三結西路24號

電話：（03）9505031

花蓮

◎ 花蓮縣肉品市場

地址：花蓮縣鳳林鎮林榮路338號

電話：（03）8771986

◎ 花蓮縣蔬菜運銷合作社

地址：花蓮縣吉安鄉中央路三段
　　　403號

電話：（03）8572191

台東

◎ 台東果菜市場

地址：台東市濟南街61巷180號

電話：（089）220023

◎ 台東縣肉品市場

地址：台東市中華路4段861巷
　　　350號

電話：（089）310476

一本讓你脫離貧窮
徹底翻身的創業勝經

路邊攤賺大錢 系列 Money1—12集

【搶錢篇】【奇蹟篇】【致富篇】【飾品配件篇】

【清涼美食篇】【異國美食篇】【元氣早餐篇】【養生進補篇】

【加盟篇】【中部搶錢篇】【賺翻篇】【大排長龍篇】

全彩印刷224頁 每本定價：280元 團體訂購另有優惠！讀者服務專線：(02) 27235216 (代表號)

大都會文化圖書目錄

度小月系列

路邊攤賺大錢【搶錢篇】	280元
路邊攤賺大錢2【奇蹟篇】	280元
路邊攤賺大錢3【致富篇】	280元
路邊攤賺大錢4【飾品配件篇】	280元
路邊攤賺大錢5【清涼美食篇】	280元
路邊攤賺大錢6【異國美食篇】	280元
路邊攤賺大錢7【元氣早餐篇】	280元
路邊攤賺大錢8【養生進補篇】	280元
路邊攤賺大錢9【加盟篇】	280元
路邊攤賺大錢10【中部搶錢篇】	280元
路邊攤賺大錢11【賺翻篇】	280元
路邊攤賺大錢12【大排長龍篇】	280元

DIY系列

路邊攤美食DIY	220元
嚴選台灣小吃DIY	220元
路邊攤超人氣小吃DIY	220元
路邊攤紅不讓美食DIY	220元
路邊攤流行冰品DIY	220元

流行瘋系列

跟著偶像FUN韓假	260元
女人百分百—男人心中的最愛	180元
哈利波特魔法學院	160元
韓式愛美大作戰	240元
下一個偶像就是你	180元
芙蓉美人泡澡術	220元

生活大師系列

遠離過敏—打造健康的居家環境	280元
這樣泡澡最健康—	
紓壓‧排毒‧瘦身三部曲	220元
兩岸用語快譯通	220元
台灣珍奇廟—發財開運祈福路	280元
魅力野溪溫泉大發見	260元

寵愛你的肌膚—從手工香皂開始	260元
舞動燭光—手工蠟燭的綺麗世界	280元
空間也需要好味道—	
打造天然香氛的68個妙招	260元
雞尾酒的微醺世界—	
調出你的私房Lounge Bar風情	250元
野外泡湯趣—	
魅力野溪溫泉大發見	260元
肌膚也需要放輕鬆—	
徜徉天然風的43項舒壓體驗	260元

寵物當家系列

Smart養狗寶典	380元
Smart養貓寶典	380元
貓咪玩具魔法DIY—	
讓牠快樂起舞的55種方法	220元
愛犬造型魔法書—	
讓你的寶貝漂亮一下	260元
漂亮寶貝在你家—	
寵物流行精品DIY	220元
我的陽光‧我的寶貝—	
寵物真情物語	220元
我家有隻麝香豬—養豬完全攻略	220元

人物誌系列

現代灰姑娘	199元
黛安娜傳	360元
船上的365天	360元
優雅與狂野—威廉王子	260元
走出城堡的王子	160元
殞逝的英格蘭玫瑰	260元
貝克漢與維多利亞—	
新皇族的真實人生	280元
幸運的孩子—	
布希王朝的真實故事	250元
瑪丹娜—流行天后的真實畫像	280元

紅塵歲月—三毛的生命戀歌	250元
風華再現—金庸傳	260元
俠骨柔情—古龍的今生今世	250元
她從海上來—張愛玲情愛傳奇	250元
從間諜到總統—普丁傳奇	250元
脫下斗篷的哈利—	
丹尼爾・雷德克里夫	220元
蛻變—章子怡的成長紀實	250元

心靈特區系列

每一片刻都是重生	220元
給大腦洗個澡	220元
成功方與圓—	
改變一生的處世智慧	220元
轉個彎路更寬	199元
課本上學不到的33條人生經驗	149元
絕對管用的38條職場致勝法則	149元
從窮人進化到富人的29條處事智慧	
	149元
成長三部曲	299元

SUCCESS系列

七大狂銷戰略	220元
打造一整年的好業績—	
店面經營的72堂課	200元
超級記憶術—	
改變一生的學習方式	199元
管理的鋼盔—商戰存活與突圍的	
25個必勝錦囊	200元
搞什麼行銷—	
152個商戰關鍵報告	220元
精明人聰明人明白人—	
態度決定你的成敗	200元
人脈＝錢脈—	
改變一生的人際關係經營術	180元
週一清晨的領導課	160元
搶救貧窮大作戰の48條絕對法則	220元

搜驚・搜精・搜金—	
從 Google的致富傳奇中，	
你學到了什麼？	199元
絕對中國製造的58個管理智慧	200元
客人在哪裡？—	
決定你業績倍增的關鍵細節	200元
殺出紅海—	
漂亮勝出的104個商戰奇謀	220元
商戰奇謀36計—	
現代企業生存寶典	180元

都會健康館系列

秋養生—二十四節氣養生經	220元
春養生—二十四節氣養生經	220元
夏養生—二十四節氣養生經	220元
冬養生—二十四節氣養生經	220元
春夏秋冬養生【套書】	699元

CHOICE系列

入侵鹿耳門	280元
蒲公英與我—聽我說說畫	220元
入侵鹿耳門（新版）	199元
舊時月色（上輯＋下輯）	各180元

FORTH系列

印度流浪記—滌盡塵俗的心之旅	220元
胡同面孔	
—古都北京的人文旅行地圖	280元
尋訪失落的香格里拉	240元

FOCUS系列

中國誠信報告	250元

禮物書系列

印象花園 梵谷	160元
印象花園 莫內	160元
印象花園 高更	160元

印象花園 竇加	160元
印象花園 雷諾瓦	160元
印象花園 大衛	160元
印象花園 畢卡索	160元
印象花園 達文西	160元
印象花園 米開朗基羅	160元
印象花園 拉斐爾	160元
印象花園 林布蘭特	160元
印象花園 米勒	160元
絮語說相思 情有獨鍾	200元

工商管理系列

二十一世紀新工作浪潮	200元
化危機為轉機	200元
美術工作者設計生涯轉轉彎	200元
攝影工作者快門生涯轉轉彎	200元
企劃工作者動腦生涯轉轉彎	220元
電腦工作者滑鼠生涯轉轉彎	200元
打開視窗說亮話	200元
文字工作者撰錢生活轉轉彎	220元
挑戰極限	320元
30分鐘行動管理百科	
（九本盒裝套書）	799元
30分鐘教你自我腦內革命	110元
30分鐘教你樹立優質形象	110元
30分鐘教你錢多事少離家近	110元
30分鐘教你創造自我價值	110元
30分鐘教你Smart解決難題	110元
30分鐘教你如何激勵部屬	110元
30分鐘教你掌握優勢談判	110元
30分鐘教你如何快速致富	110元
30分鐘教你提昇溝通技巧	110元

精緻生活系列

女人窺心事	120元
另類費洛蒙	180元
花落	180元

CITY MALL系列

別懷疑！我就是馬克大夫	200元
愛情詭話	170元
唉呀！真尷尬	200元
就是要賴在演藝圈	180元

親子教養系列

孩童完全自救寶盒
（五書+五卡+四卷錄影帶）
3,490元（特價2,490元）
孩童完全自救手冊

—這時候你該怎麼辦（合訂本）	299元
我家小孩愛看書	
—Happy學習easy go！	200元
天才少年的5種能力	280元

新觀念美語

NEC新觀念美語教室	12,450元
（八本書+48卷卡帶）	

您可以採用下列簡便的訂購方式：
◎請向全國鄰近之各大書局或上大會文
化網站www.metrobook.com.tw選
購。
◎劃撥訂購：請直接至郵局劃撥付款。
帳號：14050529
戶名：大都會文化事業有限公司
（請於劃撥單背面通訊欄註明欲購書名及
數量）

作　　者	萬麗慧
攝　　影	王正毅
發 行 人	林敬彬
主　　編	楊安瑜
編　　輯	蔡穎如
美術編排	洸譜創意設計
封面設計	洸譜創意設計
出　　版	大都會文化　行政院新聞局北市業字第89號
發　　行	大都會文化事業有限公司
	110台北市基隆路一段432號4樓之9
	讀者服務專線：（02）27235216
	讀者服務傳真：（02）27235220
	電子郵件信箱：metro@ms21.hinet.net
	網　　　址：www.metrobook.com.tw
郵政劃撥	14050529 大都會文化事業有限公司
出版日期	2006年2月初版一刷
定　　價	280 元
I S B N	986-7651-65-0
書　　號	Money-12

First published in Taiwan in 2006 by
Metropolitan Culture Enterprise Co., Ltd.
4F-9, Double Hero Bldg., 432, Keelung Rd., Sec. 1,
Taipei 110, Taiwan
Tel:+886-2-2723-5216　Fax:+886-2-2723-5220
E-mail:metro@ms21.hinet.net
Web-site:www.metrobook.com.tw
Copyright © 2006 by Metropolitan Culture

大都會文化
METROPOLITAN CULTURE

國家圖書館出版品預行編目資料

路邊攤賺大錢. 大排長龍篇 / 萬麗慧 著.;王正毅攝影
-- -- 初版. -- 臺北市：大都會文化發行, 2006〔民95〕
面：　公分. --（Money；12）
I S B N：986-7651-65-0 (平裝)
1. 飲食業 2. 創業
　　483.8　　　　　　　　　　　95000268

【大排長龍篇】

北 區 郵 政 管 理 局
登記證北台字第9125號
免 貼 郵 票

大都會文化事業有限公司
讀者服務部收
110 台北市基隆路一段432號4樓之9

寄回這張服務卡(免貼郵票)
您可以：
　◎不定期收到最新出版訊息
　◎參加各項回饋優惠活動

大都會文化 讀者服務卡

書名：**Money-012 路邊攤賺大錢12【大排長龍篇】**

謝謝您選擇了這本書！期待您的支持與建議，讓我們能有更多聯繫與互動的機會。
日後您將可不定期收到本公司的新書資訊及特惠活動訊息。

A. 您在何時購得本書：_____年_____月_____日

B. 您在何處購得本書：_____書店，位於_____(市、縣)

C. 您從哪裡得知本書的消息：
1.□書店　2.□報章雜誌　3.□電台活動　4.□網路資訊
5.□書籤宣傳品等　6.□親友介紹　7.□書評　8.□其他

D. 您購買本書的動機：（可複選）
1.□對主題或內容感興趣　2.□工作需要　3.□生活需要
4.□自我進修　5.□內容為流行熱門話題　6.□其他

E. 您最喜歡本書的：（可複選）
1.□內容題材　2.□字體大小　3.□翻譯文筆　4.□封面　5.□編排方式　6.□其他

F. 您認為本書的封面：1.□非常出色　2.□普通　3.□毫不起眼　4.□其他

G. 您認為本書的編排：1.□非常出色　2.□普通　3.□毫不起眼　4.□其他

H. 您通常以哪些方式購書:(可複選)
1.□逛書店　2.□書展　3.□劃撥郵購　4.□團體訂購　5.□網路購書　6.□其他

I. 您希望我們出版哪類書籍：（可複選）
1.□旅遊　2.□流行文化　3.□生活休閒　4.□美容保養　5.□散文小品
6.□科學新知　7.□藝術音樂　8.□致富理財　9.□工商企管　10.□科幻推理
11.□史哲類　12.□勵志傳記　13.□電影小說　14.□語言學習（____語）
15.□幽默諧趣　16.□其他

J. 您對本書(系)的建議：

K. 您對本出版社的建議：

讀者小檔案

姓名：_____性別：□男 □女　生日：____年____月____日

年齡：1.□20歲以下 2.□21—30歲 3.□31—50歲 4.□51歲以上

職業：1.□學生 2.□軍公教 3.□大眾傳播 4.□服務業 5.□金融業 6.□製造業
7.□資訊業 8.□自由業 9.□家管 10.□退休 11.□其他

學歷：□國小或以下 □國中 □高中／高職 □大學／大專 □研究所以上

通訊地址：_____

電話：（H）_____（O）_____傳真：_____

行動電話：_____ E-Mail：_____

◎謝謝您購買本書，也歡迎您加入我們的會員，請上大都會網站www.metrobook.com.tw登錄您的資料。您將不定期收到最新圖書優惠資訊和電子報。

度小系列

度小月系列

度小月系列